Annette Schmitt

Mops

Premium Ratgeber

unter Mitarbeit von
Helga Schukat

bede bei Ulmer

Inhalt

Inhalt

Von den Ursprüngen zur Reinzucht

Der Mops kann auf eine sehr lange Zuchtgeschichte zurückblicken.

Im 17. Jahrhundert zur Zeit der „Chinoiserie" wurde der Mops richtig populär: Durch viele Importartikel kam alles Chinesische in Mode, so auch der exotisch aussehende Hund.

Über die genaue Herkunft des Mopses gibt es unterschiedliche Meinungen. Einige Kynologen sahen seinen Ursprung im fernen Osten, andere hingegen in Europa. Heute geht man allgemein davon aus, dass die Heimat des charmanten Vierbeiners China ist. In Chroniken aus der Zeit des Konfuzius (1700 v. Chr.) sind bereits kleine Hunde beschrieben, die zwar in Typ und Haarart variierten, die jedoch alle kurze, breite und flache Köpfe hatten. 990 n. Chr. bekam Kaiser T'ai Tsung (Sung-Dynastie, 960-1279) einen kurzhaarigen Hund mit kurzer Schnauze geschenkt, der unter dem Namen „Lo-chiang-sze" bekannt wurde. Alle diesem Hundetyp ähnelnden Vierbeiner bezeichneten die Chinesen fortan noch bis ins Jahr 1914 als „Lo-chiang-sze" oder „Lo-sze". Genau dieser „Lo-sze" gilt als direkter Vorfahre des Mopses. In erster Linie hielten ihn Herrscherfamilien in Palästen. Bis ins 12. Jahrhundert war der mopsähnliche Hund in China äußerst beliebt; er galt als sehr kostbar und wurde zu besonderen Anlässen gerne an andere Adelsfamilien verschenkt. Die Zucht unterstand meist extra ausgebildeten Eunuchen, von denen jeder den besten und perfektesten „Lo-sze" züchten wollte.

Mit der Zeit schwand das Interesse an den Mopsvorfahren; bis ins frühe 16. Jahrhundert wird der Lo-sze kaum mehr erwähnt.

Der Mops erobert Europa

In Europa hielt der Mops höchstwahrscheinlich zu Zeiten der Ming-Dynastie (1368 bis 1644) Einzug, denn damals entstanden erste Handelsbeziehungen. Während Anfang des 16. Jahrhunderts der Handel mit Portugal begann, kamen bis 1634 weitere Abkommen mit Spanien, den Niederlanden und England hinzu. Vor allem Holland hatte einen großen Einfluss auf die Verbreitung der Rasse in Europa. Wilhelm dem Schweiger wurde von seinem Mops „Pompey" während der Schlacht zu Hermigny das Leben gerettet, in dem er seinen Herrn mit lautem Gebell vor einem Attentäter warnte. Seit diesem Zeitpunkt ist das Haus Oranien der Rasse besonders eng verbunden. 1689 brachte Wilhelm III., der Urenkel von Wilhelm dem Schweiger, etliche Möpse zu seiner Thronbesteigung mit nach England. Die Rasse fasste auf der Insel schnell Fuß und wurde dort seitdem konstant reingezüchtet. Richtige Popularität erlangte der Mops im 17. Jahrhundert zur Zeit der „Chinoiserie": Durch viele Importartikel kam alles Chinesische in Mode, so auch der etwas exotisch aussehende Vierbeiner. Aufgrund seines fröhlichen Wesens mauserte er sich schnell zum begehrten Familienhund. Später wurde der Mops, der Treue, Zuverlässigkeit und Standhaftigkeit verkörperte, zum Symbol des „Mopsordens". Dieser entwickelte sich aus einer Freimaurerloge, nachdem Papst Clemens XII. die Freimaurer 1738 exkommuniziert hatte. Aus dieser Zeit sind viele Abbildungen und Figuren erhalten, die auch dokumentieren, dass man den Hunden damals die Ohren kurz kupierte. Erst König Edward VII erließ 1880 ein Kupierverbot.

Links: Das althochdeutsche Wort „mup" für „das Gesicht verziehen", „Grimassen schneiden" könnte für den Rassenamen „Mops" verantwortlich sein.

1878 führte Lady Brassey schwarze Möpse von China nach England ein. Ab 1890 bekamen schwarze Möpse bei Ausstellungen sogar eine eigene Klasse zugeteilt.

Englische Züchter als Rasseretter

Im Laufe des 19. Jahrhunderts ging es mit dem kleinen Vierbeiner wieder bergab: um der enormen Nachfrage gerecht zu werden, kreuzten Züchter andere Rassen mit ein, die jedoch das typische Aussehen zunehmend verfälschten; außerdem hielten vornehmlich allein stehende Damen viele Möpse als reine Schoßhunde, die durch falsche Fütterung und mangelnde Bewegung dick, unansehnlich und somit unattraktiv wurden. Wilhelm Buschs Bildergeschichten machte das Negativimage der Rasse komplett. Fortan verspottete man den Mops als dick, dumm, dekadent und zu nichts zu gebrauchen. Schließlich nahmen sich Mitte des 19. Jahrhunderts englische Mopsliebhaber der Rasse an und verhalfen ihr zu neuem Ansehen. Es entstanden zwei, in der folgenden Zuchtgeschichte sehr einflussreiche Linien, nämlich die „Willoughby-Möpse" und die „Morrison-Möpse". Die Willoughbys waren alle steingrau mit schwarzen Abzeichen. Die Morrisons hingegen zeigten eine warme Gelbfarbe; sie hatten kräftigere Knochen, weniger Stirnfalten und hellere Masken als die Willoughbys. Später kreuzte man beide Linien immer wieder miteinander. 1860 kam ein weiteres, für die Zucht einflussreiches Mopspaar hinzu: Es stammte aus dem von britischen Truppen besetzten kaiserlichen Palast von Peking und kam in den Besitz einer Mrs. St. Johns, die fortan mit ihm züchtete. Ein Sohn dieses Paares, der Rüde „Click", wurde ein sehr erfolgreicher Deckrüde, der noch heute in vielen englischen und amerikanischen Stammbäumen zu finden ist. Auch mit den Willoughby- und Morrison-Linien verpaarte man ihn häufig. 1878 führte Lady Brassey zusätzlich schwarze Möpse von China nach England ein. Zwar gab es diesen Farbschlag schon vorher hin und wieder, trotzdem aber entpuppten sich diese Hunde schnell zu richtigen Importschlagern. Ab 1890 bekamen schwarze Möpse bei Ausstellungen sogar eine eigene Klasse zugeteilt. Allmählich entwickelte sich ein reger Austausch von Zuchttieren zwischen der britischen Insel und dem übrigen Kontinent.

Der Mops in Deutschland

Deutsche Züchter kreuzten zur Blutauffrischung der Rasse Kurzhaar-Pinscher mit ein. Dies brachte zwar zunächst umstrittene hochbeinige Hunde mit straffem Fell und langen Schnauzen hervor, führte andererseits aber

Auch Möpse können Wasserratten sein.

Die Nachfrage nach den süßen Mops-Welpen steigt und steigt – er ist derzeit ein richtiger Mode-Hund.

auch zu erwünschten kräftigen Aalstrichen, kurzem Fell und sauberen Farben. Außerdem wurden immer wieder Bulldoggen eingezüchtet, um breitere Schädel und kürzere Schnauzen zu erhalten. Die genaue Anzahl der damals registrierten Möpse in Deutschland lässt sich nicht mehr nachvollziehen, denn aus der Zeit vor dem Zweiten Weltkrieg existieren keine Zuchtbücher mehr. Nach dem Zweiten Weltkrieg waren die Mops-Pinscher-Kreuzungen innerhalb des stark reduzierten Mops-Bestands sehr weit verbreitet und unter dem Namen „Altdeutscher Mops" bekannt. Auch sie wurden als „echte" Möpse eingetragen, ausgestellt und bewertet und sind noch heute in diversen deutschen Blutlinien zu finden. Der erste Zuchtbuch-Band des Verbandes Deutscher Kleinhundezüchter e. V. stammt aus dem Jahre 1955 und weist 36 Eintragungen auf. Den größten Einfluss auf die deutsche Mopszucht hatte Inge von Keisers Zwinger „von Sanddorn", aus dem in 40 Jahren über 300 Hunde hervorgingen, die das Rassebild auch im Ausland maßgeblich mitprägten. Die Welpenstatistik des VDH zeigt für das Jahr 2008 636 eingetragene Welpen, Tendenz steigend. Die vielen Einkreuzungen anderer Rassen dürften der Grund dafür sein, dass der Mops bis heute weitgehend frei von Erbkrankheiten ist. Einzig eine manchmal zu kurz gezüchtete Nase, die zu Atemproblemen und einer verminderten Vitalität der Hunde führen kann, ist ein Schwachpunkt der Rasse geblieben. Grund ist meist eine übertriebene Auslegung des Standards. Die Zuchtverbände arbeiten jedoch daran, dieses Problem weiter in den Griff zu bekommen. So sind seit dem 1.7.2009 in den VDH-Zuchtvereinen nur noch Hunde zur Zucht zugelassen, die einen speziellen Belastungstest bestanden haben.

Diverse Rassenamen

Um 1550 entstand in Italien das Volkstheater „Commedia dell' Arte", in dessen Aufführungen häufig verkleidete Möpse anstelle von Affen mit verschiedenen Kunststückchen auftraten. In Anlehnung daran nannten die Gründer des niederländischen Mopsklubs Jahrhunderte später ihren Klub „Commedia". In Frankreich heißt der Mops „Carlin"; auch dieser Name bezieht sich auf das alte Volkstheater, in dem ein Harlekin namens „Carlin" mit schwarzer Gesichtsmaske mitspielte.

Die englische Rassebezeichnung „Pug" kommt vom Lateinischen „pugnus", das so viel wie „Faust" bedeutet und somit die Ähnlichkeit zu einem Mopskopf beschreibt.

In Deutschland, Belgien und den Niederlanden hieß der Vierbeiner seit jeher „Mops". Dies geht möglicherweise auf das niederländische Wort „mopperen" zurück, das soviel wie „schnarchen" heißt. Das Althochdeutsche „mup" (=das Gesicht verziehen, Grimassen schneiden) könnte ebenfalls für den Rassenamen „Mops" verantwortlich sein.

Rassestandard

Der Mops ist „Multum in Parvo“, was sich durch kompakte Proportionen und Festigkeit der Muskulatur ausdrückt.

Im Standard ist festgehalten, wie ein perfekter Hund einer Rasse auszusehen hat. Aber auch ein kurzer Einblick in Veranlagung und Wesen wird darin gegeben.
Der Rassestandard des Mopses wurde vom Kennel Club festgelegt und in etwa von der FCI übernommen.

Mops (Pug)

FCI-Standard Nr. 253 (02.09.2009/D)
Übersetzung Karin Biala-Gauß.

Ursprungsland China.
Patronat Großbritannien.
Datum der Publikation des gültigen Originalstandards 24. 06. 1987

Verwendung Gesellschaftshund.
Klassifikation FCI Gruppe 9 Gesellschafts-und Begleithunde, Sektion 11 Kleine doggenartige Hunde. Ohne Arbeitsprüfung.

Allgemeines Erscheinungsbild
Ausgesprochen quadratisch und gedrungen, er ist „Multum in Parvo“ (= viel Masse in kleinem Raum), was sich durch kompakte, straff-gedrungene Proportionen und Festigkeit der Muskulatur ausdrückt.

Verhalten/Charakter (Wesen)
Viel Charme, Würde und Intelligenz. Ausgeglichen, fröhlich und lebhaft.

Kopf – Oberkopf
Groß, rund, kein Apfelkopf.
Schädel Ohne Vertiefung im Schädel. Klar abgezeichnete Falten.

Gesichtsschädel
Fang Kurz, stumpf, quadratisch, nicht aufgebogen.
Kiefer/Zähne Geringfügiger Vorbiss, Kreuzbiss, sichtbare Zähne oder Zunge höchst unerwünscht. Breiter Unterkiefer mit einer Schnei-

Typisch für den Mops ist ein großer, runder Kopf. Die Augen sind dunkel, kugelförmig und glänzend mit sanftem, bekümmertem Ausdruck.

Der Mops hat eine breite Brust mit weit nach hinten reichenden Rippen, der Rücken ist gerade, der Körper kurz und gedrungen.

dezahnreihe, bei der die Schneidezähne fast in einer Reihe stehen.

Augen Dunkel, sehr groß und kugelförmig, mit sanftem und bekümmertem Ausdruck, sehr glänzend und bei Erregung voller Feuer.

Ohren Dünn, klein, weich wie schwarzer Samt. Zwei Ohrhaltungen sind erlaubt: Rosenohr – kleines, fallendes Ohr, das seitlich und nach hinten gefaltet ist und die Ohrmuschel sichtbar werden lässt, Knopfohr – Ohr, bei dem das Leder nach vorne fällt, die Ohrspitze liegt eng am Schädel an, sodass das Ohrinnere nicht sichtbar wird und die Ohrspitzen in Richtung der Augen zeigen. Das Knopfohr wird bevorzugt.

Hals

Leicht gebogen, vor allem deutlich im kammartigen Bereich der Profillinie, stark, dick und von ausreichender Länge, sodass der Kopf stolz getragen werden kann.

Körper

Kurz und gedrungen.

Rücken Gerade, weder gekrümmt noch nachgebend.

Brust Breit, Rippen weit zurückreichend.

Rute (Posthornrute)

Hoch angesetzt, so eng wie möglich über die Hüfte gerollt. Doppelt eingerollte Rute höchst erwünscht.

Gliedmaßen

Vorderhand Vorderläufe sehr kräftig, gerade, mittelmäßig lang, gut unter den Körper gestellt.

Schultern Sehr schräg.

Während des Fellwechsels ist der schwarze Mops oft nicht mehr ganz lackschwarz, sondern hat einen rötlichen Anflug im Fell.

Hinterhand Hinterläufe sehr kräftig, mittelmäßig lang und gut unter dem Körper stehend, von hinten betrachtet gerade und parallel.
Kniegelenke Gut gewinkelt.
Pfoten Weder so lang wie eine Hasenpfote, noch so rund wie eine Katzenpfote; gut voneinander abgesetzte Zehen; schwarze Krallen.

Gangwerk

Von vorne gesehen sollte der Mops sich in der Vorderhand auf und ab bewegen, Läufe gut unter den Schultern; die Pfoten greifen gerade nach vorne aus, sie drehen weder ein noch aus. Hinterhandbewegung ebenfalls korrekt.
Die Vorderläufe greifen weit aus, Hinterläufe sind frei in der Bewegung, mit guter Aktion aus den Kniegelenken. Ein leichtes Rollen der Hinterhand typisiert den Bewegungsablauf.

Haarkleid

Haar Fein, glatt, weich, kurz und glänzend, weder harsch noch wollig.

Die Vorderläufe greifen weit aus, die Hinterläufe sind frei in der Bewegung, mit guter Aktion aus den Kniegelenken. Ein leichtes Rollen der Hinterhand typisiert den Bewegungsablauf.

Die „Posthornrute" ist hoch angesetzt und so eng wie möglich über die Hüfte gerollt. Eine doppelt eingerollte Rute ist höchst erwünscht.

Farbe Silber, apricot, hellfalbfarben oder schwarz. Diese Farben jeweils rein, um den Kontrast von Farbe, Aalstrich (vom Hinterhauptbein bis zum Rutenansatz durchgehender schwarzer Streifen) und Maske zu unterstreichen. Die Abzeichen sauber abgegrenzt; sie alle, Maske, Ohren, Naevi (= Muttermale) auf den Wangen, Stirnfleck (Raute, engl.: Diamant) und Aalstrich sind so schwarz wie möglich.

Größe und Gewicht

Ideales Gewicht : 6,3 bis 8,1 kg.

Fehler

Jede Abweichung von den vorgenannten Punkten muss als Fehler angesehen werden, dessen Bewertung in genauem Verhältnis zum Grad der Abweichung stehen sollte und dessen Einfluss hinsichtlich Gesundheit und Wohlbefinden des Hundes zu beachten ist. Hunde, die deutlich physische Abnormalitäten oder Verhaltensstörungen aufweisen, müssen disqualifiziert werden.

Nachbemerkung Rüden müssen zwei offensichtlich normal entwickelte Hoden aufweisen, die sich ganz im Hodensack befinden.

Kleine Unterschiede

Der schwarze Mops ist im Vergleich zum Hellen etwas weniger kompakt im Körperbau; meist sind seine Knochen nicht so kräftig und die Faltenbildung am Kopf ist nicht so stark ausgeprägt. Seine Muskulatur ist nicht ganz so straff wie bei seinem hell gefärbten Pendant. Außerdem ist er im Durchschnitt etwas kleiner. Während des Fellwechsels ist der schwarze Mops oft nicht mehr ganz lackschwarz, sondern hat einen rötlichen Anflug im Fell.

Verhalten und Charakter

Der Mops besticht nicht nur durch sein drolliges Äußeres, sondern auch und gerade durch seine liebenswerten Charaktereigenschaften, die den kleinen Vierbeiner zu einem unkomplizierten, fröhlichen Begleithund machen. Heutzutage hat der Mops eine eingefleischte Fangemeinde, die sich stetig vergrößert. Kein Wunder, schließlich ist der drollige Hund ein absoluter Gute-Laune-Hund. Mit seinem clownhaften Wesen ist er für jeden Spaß zu haben. Er ist äußerst anhänglich und verschmust. Trotzdem darf er nicht zum trägen Schoßhund degradiert werden. Er hat durchaus Temperament, das er gerne täglich bei einer angemessenen Bewegung auslebt. Vor allem Junghunde legen bisweilen eine

Der Mops hat komödiantisches Talent, das er durchaus gekonnt einzusetzen weiß.

enorme Energie an den Tag. Da sich die kleinen „wilden Kerle“ beim Toben leicht selbst überschätzen, muss der Besitzer unter Umständen schon mal eingreifen und für eine Spielpause sorgen. In einem Alter von etwa zwei Jahren ist diese Phase jedoch überstanden. Dann passt sich der Kleine meist dem Temperament seiner Leute an, ausreichend Bewegung darf allerdings trotzdem nie fehlen, zumal der nette Vierbeiner auch recht verfressen ist. Auf eine sportliche Linie müssen Halter also achten, damit der Hund nicht dick und träge wird. Dies setzt natürlich auch eine gewisse Standhaftigkeit voraus, um nicht ständig auf den Bettelblick der großen, treuen Kulleraugen reinzufallen.

Die Erziehung – ein Projekt mit oder ohne Folgen

In der Erziehung zeigt sich ein Mops bisweilen etwas stur und eigensinnig. Mit enormer Intelligenz, viel Charme und Raffinesse kann er seine Leute blitzschnell um den Finger wickeln. Daher sind Konsequenz, Geduld und Einfühlungsvermögen seitens der Halter sehr wichtig. Schwächen von Herrchen oder Frauchen durchschaut der clevere Vierbeiner sofort und nutzt diese auch gnadenlos aus. Ein Mops wird nie wie am Schnürchen folgen, vielmehr überlegt er häufig erst, ob es sich lohnt ein Kommando auszuführen. Andererseits heißt dies nicht, dass ein Mops nicht zu erziehen ist. Die wichtigste Basis für eine gute Zusammenarbeit ist ein optimales Verhältnis zwischen Herr und Hund. Härte ist für die sensible Hundeseele Gift. Viel Lob und Motivation bringen deutlich mehr.

Ein Mops möchte respektiert und als vollwertiger Partner verstanden werden, dann ist er auch bereit, seinem Herrn zu gefallen. Grundsätzlich lernt ein Mops sehr schnell. Hat er jedoch gerade keine Lust oder sieht er keinen Sinn darin, ein Kommando auszuführen, nützen die besten Bestechungsversuche mit verlockenden Leckerlis nichts. Ein Mops ist eben eine echte Persönlichkeit, die ihren ganz eigenen Kopf hat. Zudem wird dem Gute-Laune-Hund ein ausgeprägter Sinn für Humor nachgesagt, der sich auch in einer entsprechenden, sehr vielschichtigen Mimik äußerst. Bekannt

Älteren Menschen ist der fröhliche Vierbeiner ein besonders anhänglicher und einfühlsamer Freund, der sich genau auf die Stimmungslage seiner Besitzer einstellt.

Mit seinem clownhaften Wesen ist der Mops für jeden Spaß zu haben. Er ist äußerst anhänglich und verschmust; trotzdem darf er nicht zum trägen Schoßhund degradiert werden.

Der Mops ist ein liebenswerter Charakterhund für Individualisten jeden Alters.

ist der drollige Vierbeiner für sein komödiantisches Talent, das er gerne gekonnt zu seinen Gunsten einsetzt. Im Umgang mit einem Mops darf also selbst dem Zweibeiner nie ein Augenzwinkern fehlen. Für humorlose Spaßbremsen ist ein Mops daher sicherlich nicht der richtige Begleiter.

Charmanter Kobold mit Klettenqualitäten

Allem Neuen gegenüber ist der intelligente Vierbeiner aufgeschlossen und sehr anpassungsfähig. Obwohl er durch ein absolut freundliches, liebenswertes Wesen besticht, ist er doch auch sehr mutig und wachsam, ohne jedoch ein aggressiver Kläffer zu sein. Wurde der intelligente Vierbeiner schon im Welpenalter gut sozialisiert, ist er in der Regel sehr verträglich mit Artgenossen, sodass er gut als Zweithund geeignet ist. Trotzdem

Mopszitat

„Möpse sind mit Hunden nicht zu vergleichen. Sie vereinigen die Vorzüge von Kindern, Katzen, Fröschen und Mäusen."
Loriot

kann er gegenüber größeren Vierbeinern schon mal eine Art Größenwahn an den Tag legen. Schnell lässt er sich dann aber wieder von Herrchen oder Frauchen auf den Teppich zurückholen. An andere Haustiere gewöhnt sich der Mops rasch und nimmt sie freundlich in sein Rudel auf. Kinder liebt der aufgeweckte Vierbeiner über alles, vorausgesetzt natürlich Hund und Kinder werden zu einem richtigen Verhalten und Umgang miteinander angeleitet. Mit ihnen geht er gerne auf Abenteuersuche und ist dabei für jeden Spaß zu haben. Älteren Menschen ist der fröhliche Vierbeiner ein besonders anhänglicher und einfühlsamer Freund, der sich genau auf die Stimmungslage seiner Besitzer einstellt.

Möpse sind unglaublich anschmiegsam und liebebedürftig, daher können sie von Streicheleinheiten und Schmusestunden nie genug bekommen. Wenn sie dürfen, mutieren sie gerne zu Couchpotatoes, die engen Körperkontakt zu ihren Leuten lieben. Regelmäßiges, langes Alleinbleiben ist nicht unbedingt ihr Ding. Am liebsten sind die netten Vierbeiner immer und überall mit dabei, sogar auf der Toilette. Diese klettengleiche Anhänglichkeit lässt den Mops automatisch zum Lebensmittelpunkt seiner Halter werden.

Alles in allem ist der Mops ein toller Charakterhund für Individualisten jeden Alters.

Möpse gelten bisweilen als etwas stur und eigensinnig. Aber mit dem nötigen Einfühlungsvermögen und Konsequenz lässt sich auch ein Mops gut erziehen.

Der Mops heute

Wird der Mops seinen Ansprüchen entsprechend gehalten, gibt er dies tausendfach in den gemeinsamen Jahren des Zusammenlebens zurück.

Der Mops ist ein äußerst liebenswerter, anpassungsfähiger Begleithund, der sich in einem Singlehaushalt genauso wohl fühlt wie in einer Familie mit Kindern, Hauptsache er darf immer mit dabei sein. Für rüstige Senioren ist der fröhliche, unkomplizierte Vierbeiner ebenfalls gut geeignet. Durch sein charmantes Auftreten kommen allein lebende, ältere Menschen leicht mit anderen Leuten ins Gespräch. Mithilfe des Hundes knüpfen sie somit schneller Kontakte und fühlen sich weniger einsam. Wegen seines lustigen und aufgeweckten Wesens wird der Mops auch als „Antidepressivum auf vier Beinen“ oder „Wärmflasche für die Seele“ bezeichnet.

Möpse sind absolut keine trägen Schlaftabletten. Manche Vertreter zeigen sich durchaus sportlich: Sie lieben lange Spaziergänge oder

Ein Mops braucht nicht viel zum Glücklichsein: regelmäßige Spaziergänge, Kuscheleinheiten mit Frauchen oder Herrchen und am liebsten noch ein Sofa ...

Prominente Mopshalter

Der Mops hat auch unter Prominenten viele Fans. So besaß die erste Frau Napoleons, Josephine de Beauharnais, ebenso einen dieser charmanten Vierbeiner, wie Georg IV., Königin Charlotte Mecklenburg-Strelitz sowie der Herzog und die Herzogin von Windsor. Dem Mops des Herzogs von Württemberg wurde im Winnender Schlossgarten sogar ein Denkmal für seine Treue errichtet. Der sicherlich bekannteste Mopsfan unserer Zeit ist Vicco von Bülow alias Loriot.

flotte Hundesportarten wie Turnierhundesport und Agility. Allerdings darf ein Mops nicht vor dem zweiten Lebensjahr, also erst mit voller körperlicher Ausreifung, an sportlichen Aktivitäten teilnehmen. Andere Möpse mögen es lieber ruhig und gemütlich. Diese Vierbeiner haben eventuell Spaß an Dogdancing, Mobility oder Trickdogging, denn die kleinen Hunde sind grundsätzlich äußerst gelehrig und lernen schnell, vorausgesetzt natürlich, sie haben gerade Lust dazu. Hieraus macht ein Mops jedoch keinen Hehl: Er zeigt seinen Leuten sehr deutlich, was er mag und was nicht. Es gibt also grundsätzlich keine pauschalen Beschäftigungsvorlieben, höchstens das Fressen, aber das sollte aus gesundheitlichen Gründen ja auch nur begrenzt erlaubt sein.

Was die Erziehung angeht, gibt es immer wieder recht kooperative Möpse, mit denen sogar die Begleithundeprüfung möglich ist. Dies liegt jedoch einzig und allein im Ermessen des jeweiligen Hundes. Vielleicht haben Sie also Glück und bekommen einen begeisterten Schüler. Alle anderen haben deshalb aber noch lange kein Pech, schließlich darf man sich mit einem Mops generell über ein ganz besonderes, vierbeiniges Unikum freuen.

Wegen seiner Feinfühligkeit, Menschenfreundlichkeit und seines liebenswerten, souveränen und charmanten Auftretens eignet sich der intelligente Vierbeiner hervorragend als Therapiehund. Altenheime, Krankenstationen oder Einrichtungen für Behinderte, die jemals einen Mops vor Ort hatten, möchten seine fröhliche, herzerfrischende Art nicht mehr missen. Besonders Kinder verlieren schnell ihr Herz an den vierbeinigen Kobold. Senioren in Heimen finden im sanften Mops einen liebevollen und zarten Seelentröster, wenn es darauf ankommt aber auch einen lustigen Clown, der gekonnt von Alltagsproblemen und Krankheiten ablenkt.

Wünschen sich Kinder sehnlichst einen Hund, sollte dieser nur angeschafft werden, wenn alle Familienmitglieder damit einverstanden sind.

Anforderungen an den Halter

Einen Hund als treuen Freund – das ist der Wunsch vieler Kinder.

Fragen, die vorab zu klären sind

Die Anschaffung eines Mopses muss gut überlegt werden, schließlich liegt seine durchschnittliche Lebenserwartung bei etwa zwölf Jahren. Können Sie über Jahre hinweg für sämtliche Kosten, die der Vierbeiner mit sich bringt, aufkommen? Bedenken Sie, dass nicht nur die Grundausstattung und der Erwerb des Hundes selbst teuer sind, auch die tägliche Futterration ist auf Dauer nicht billig. Zusätzlich müssen Sie eine Haftpflichtversicherung sowie regelmäßige Impfungen und Entwurmungen finanzieren. Schnell kann Ihr Vierbeiner auch unvorhergesehen erkranken, unter Umständen sind sogar langwierige und teure tierärztliche Behandlungen nötig.

Hinterfragen Sie außerdem, ob die äußeren Gegebenheiten stimmen. Haben Sie genug Platz für einen Mops? Eine Zwingerhaltung aus Platzmangel in der Wohnung ist absolut ungeeignet, denn das anhängliche Sensibelchen blüht nur bei engem Menschenkontakt richtig auf. Leben Sie in einem Heim mit Garten, ist ein intakter Gartenzaun wichtig, damit sich Ihr Mops nicht plötzlich unerlaubt aus dem Staub macht. Mit einem guten Zaun

Bedenken Sie unbedingt ...

Schaffen Sie den Hund nicht für Ihre Kinder an, sondern für sich: Schnell verlieren Kinder das Interesse oder gehen, flügge geworden, aus dem Haus. Sie müssen voll und ganz hinter einer Hundeanschaffung stehen, denn die Hauptarbeit bleibt unter Umständen bald an Ihnen hängen.

kann sich der Vierbeiner auch unbeaufsichtigt draußen aufhalten, ohne zu entwischen.
Stellen Sie sich als zukünftiger Hundebesitzer außerdem darauf ein, dass ein vierbeiniger Mitbewohner viel Dreck ins Haus bringt. Vergessen Sie ebenfalls den Fellwechsel im Frühjahr und Herbst nicht: Die kurzen, starren Haare haften penetrant an Polstermöbeln, Teppichen und Kleidung und lassen sich nur schwer wieder entfernen.
Erkundigen Sie sich bei Ihrem Vermieter: Ist er mit der Anschaffung eines Hundes einverstanden? Klären Sie auch, ob Sie den Hund, bei längerer Abwesenheit aller anderen Familienmitglieder und keinem dann verfügbaren Hundesitter, mit ins Büro nehmen dürfen. Immerhin bleibt der menschenbezogene Vierbeiner nicht gerne allzu lange allein, obwohl er bei entsprechender Gewöhnung durchaus drei bis vier Stunden gesittet daheim wartet.
Sind Sie in zukünftigen Urlauben mit Hund gewillt, eventuelle Abstriche, Zielort und Unternehmungen betreffend, zu machen? Möchten Sie ohne Vierbeiner verreisen, überlegen Sie vorab, ob Sie einen lieben Hundesitter an der Hand hätten oder eine gute Hundepension bezahlen können.

Rassebedürfnisse

Passen die finanziellen und äußeren Gegebenheiten optimal zu einer Hundeanschaffung, überlegen Sie sich gut, ob Sie auf Dauer, das heißt ein Hundeleben lang, genügend Zeit und Lust haben, den Ansprüchen eines Mopses gerecht zu werden. Einige Vertreter sind temperamentvolle Energiebündel, die ihre Sportlichkeit gerne ausleben. Aber auch gemütliche Vertreter brauchen ihre täglichen Spaziergänge bei jedem Wetter. Dabei muss der Mops auch die Möglichkeit haben, sich richtig auszupowern und darf nicht nur an der kurzen Leine geführt werden. Da der drollige Vierbeiner sehr anpassungsfähig ist, fühlt er sich eigentlich bei jedem Hundeliebhaber wohl, der einfühlsam auf sein sensibles Wesen eingeht. Auch die Haltung in einer Stadtwohnung ist bei genügendem Auslauf kein Problem für ihn. Grundsätzlich passt sich der Mops dem Temperament seines Halters an, trotzdem aber mag er auch mal Action. Liebend gerne

Dank seiner kurzen Schnauze ist der Mops eher hitzeempfindlich – Spaziergänge im Sommer verlagern Sie am besten in die kühlen Morgen- oder Abendstunden.

Darf der Mops in den Garten, ist ein genügend hoher, intakter Gartenzaun wichtig, um zu verhindern, dass er alleine spazieren geht.

steht er im Mittelpunkt. Ist dies nicht auf Anhieb der Fall, sorgt er gekonnt selbst dafür. Schon Mops-Welpen sind ausgeprägte Individualisten, die viel Aufmerksamkeit und Zuwendung brauchen.

Weil der intelligente Vierbeiner für jeden Spaß zu haben ist, sollten auch seine Besitzer über eine gehörige Portion Humor verfügen. Möpse lieben Gesellschaft. Daher eignen sie sich auch gut als Zweithund.

Wie alle kurzschnäuzigen Rassen ist auch der Mops eher hitzeempfindlich. Im Sommer verlangt diese Tatsache unter Umständen erhöhte Rücksichtnahme auf den Hund. Das häufige Schnarchen der Vierbeiner durch verengte Luftwege, enge Nasenöffnungen und vergrößerte Gaumensegel, müssen Rasseinteressenten mögen. Oftmals verschlimmert sich dies noch im Alter. Diese Fehlentwicklungen versucht man jedoch durch gezielte Zuchtauswahl zu vermeiden.

Dieses aufgeweckte und neugierige Kerlchen will auch schon altersgerecht beschäftigt und umsorgt werden.

Kuscheln steht bei Möpsen ganz hoch im Kurs: Sie lassen keine Gelegenheit aus, sich an ihre Menschen zu drücken und ihre wohlverdienten Streicheleinheiten einzufordern.

Ab und zu legt der Mops einen ziemlichen Sturkopf an den Tag. Stimmt allerdings die Chemie zwischen Ihnen und Ihrem Mops, wird er meistens versuchen, Ihnen zu gefallen.

Auf einen auffälligen Hund wie einen Mops werden Halter häufig angesprochen. Menschen, die einen Mops nur als Prestigeobjekt ansehen, werden nicht glücklich mit dem fordernden Wesen eines Hundes werden. Auch der Vierbeiner hat hier vermutlich schlechte Karten, mit all seinen Bedürfnissen zum Zug zu kommen. Ist es Ihnen jedoch möglich, einen Mops gänzlich in Ihr Leben zu integrieren, so geht es nun an die Auswahl des Hundes.

Katzenhafter Kuschler

Möpsen wird oft etwas Katzenhaftes nachgesagt: Sie geben sich einerseits sehr selbstständig, ruhig und souverän; andererseits sind sie unglaublich anhänglich und verschmust. Kuscheln steht bei ihnen ganz hoch im Kurs: Möpse lassen keine Gelegenheit aus, sich an ihre Menschen zu drücken und somit Streicheleinheiten einzufordern. Auch untereinander lieben sie Körperkontakt und schlafen meist eng aneinander gekuschelt in einem Körbchen.

Welpe oder erwachsener Hund?

Einen jungen Hund zu erziehen sowie die eventuell etwas renitente Flegelphase zu überstehen kann manchmal ganz schön anstrengend sein.

Steht für Sie die Anschaffung eines Mopses fest, überlegen Sie sich, ob Sie einen Welpen oder einen erwachsenen Vierbeiner aufnehmen wollen. Ein Welpe ist wie ein Rohdiamant, den Sie erst schleifen müssen. Dies kostet viel Zeit und Geduld, aber sicherlich auch Nerven und Anstrengungen. Ein junger Hund verlangt ständige Zuwendung, anfangs sogar nachts. Es dauert eine Weile bis der kleine Kerl stubenrein ist. Außerdem muss er sich an fremde Menschen, Tiere und einen normalen Alltag gewöhnen, und er muss erst lernen, alleine zu bleiben. Zunächst benötigt ein Welpe drei- bis viermal am Tag Futter. Mehrere kurze Spaziergänge sind für den, sich noch im Wachstum befindlichen, instabilen Bewegungsapparat des Hundekindes, auf den sich zu viel Belastung folgenschwer auswirken kann, sinnvoller als ein ganz langer.

Die Erziehung eines jungen Hundes sowie die eventuell etwas renitente Flegelphase werden Sie voll und ganz fordern. Andererseits lässt sich ein Welpe noch gut formen, er entwickelt sich also größtenteils genau zu dem, zu dem Sie ihn machen. Dies gilt natürlich auch im negativen Sinne: Haben Sie nicht von Anfang an eine klare Linie in Ihrer Erziehung, bekommen Sie bald einen aufsässigen, verzogenen Fratz, der Ihnen im Erwachsenenalter schnell über den Kopf wächst.

Mit einem älteren Vierbeiner kann dagegen schon etwas mehr Ruhe in Form einer ausgereiften Hundepersönlichkeit bei Ihnen einziehen. Ein erwachsener Mops ist höchstwahrscheinlich aus dem Gröbsten raus, er ist stubenrein, ist mit Halsband und Leine vertraut, kann ab und zu mal alleine bleiben und kennt mindestens die erzieherischen Grundkommandos wie Sitz, Platz, Hier und Pfui – vorausgesetzt natürlich, er genoss bis zu diesem Zeitpunkt ein gutes Zuhause mit einer entsprechenden Prägung. Ist Ihnen allerdings die vollständige Lebensgeschichte Ihres Mopses bis zum Zeitpunkt des Einzuges bei Ihnen unbekannt, kaufen Sie möglicherweise die „Katze im Sack". Der genaue Charakter, eventuelle Macken und das Verhalten des Vierbeiners zeigen sich erst im alltäglichen Zusammenleben. Daher kann die Aufnahme eines erwachsenen Hundes eher etwas für Kenner sein. Eindeutige Regeln und Grenzen sind sehr wichtig für ein harmonisches Miteinander, deshalb muss dem neuen Familienmitglied seine untergeordnete Stellung im Hunderudel von Anfang an klargemacht werden. Hunde-unerfahrene Menschen entscheiden sich also besser für einen Welpen als für einen gänzlich unbekannten erwachsenen Vierbeiner. Ersthalter können mithilfe einer guten Hundeschule gemeinsam mit ihrem Welpen wachsen und lernen.

Der Einzug eines Welpen erleichtert auch das Zusammengewöhnen mit eventuellen weiteren Haustieren. Halten Sie bereits einen oder mehrere Hunde, hat ein Welpe noch mehr Narrenfreiheit und wird eher spielerisch, aber doch bestimmt in die Rangordnung der anderen Rudelmitglieder eingewiesen. Bei einem erwachsenen, voll ausgereiften Neuzugang können dagegen gleich heftige Kämpfe um die Rudelposition ausbrechen.

Vom ersten Tag an sollten Sie Ihrem Mops zeigen, was er darf und was nicht.

Zieht ein älterer Hund bei Ihnen ein, ist er aus dem Gröbsten raus. Allerdings kann er sich auch schon allerlei Unsinn angewöhnt haben.

Beachten Sie auch ...

Lassen Sie Ihrem vierbeinigen Neuzugang viel Zeit für die ***Eingewöhnung****. Am besten nehmen Sie sich Urlaub, damit Sie sich erst einmal gegenseitig in Ruhe kennen lernen können. Springen Sie trotzdem nicht den ganzen Tag nur um Ihr neues Familienmitglied herum. Geben Sie Ihrem Hund genug Freiraum, sein jetziges Zuhause selbst zu erkunden. Zeigen Sie ihm andererseits vom ersten Tag an liebevoll, aber bestimmt, was er darf und was nicht. Respektieren Sie auch ausreichende Ruhephasen, in denen Ihr Vierbeiner nicht gestört werden möchte, schließlich sind die vielen neuen Eindrücke anstrengend und ermüdend.*

Rüde oder Hündin?

Sind wir nicht zwei Prachtexemplare?

Ob Sie sich für einen Rüden oder eine Hündin entscheiden, hängt von Ihren Erwartungen und Vorstellungen ab. Mopsrüden werden etwas größer, stämmiger und somit schwerer als Hündinnen. In Vielem sind sie hartnäckiger und manchmal auch sturer als Hündinnen, weshalb ihre Halter bei der Erziehung meist etwas mehr Durchsetzungsvermögen brauchen. Außerdem muss sich ein Rüdenbesitzer von Zeit zu Zeit auf einen liebeskranken und somit fürchterlich leidenden Vierbeiner einstellen und zwar dann, wenn eine Hündin in der Umgebung läufig ist. So manch verliebter Casanova tut seinen Schmerz um die unerreichbare Angebetete sogar lautstark kund. Diese Heulorgien können wiederum zu Ärger bei den Nachbarn führen. Zudem sind viele liebestolle Vertreter wahre Ausbrecherkönige, wenn es darum geht, ihrer „Traumfrau" näher zu kommen. Ein intakter Gartenzaun ist also besonders wichtig. Das ständige Markieren ist ebenfalls nicht jedermanns Sache. Hobbygärtner büßen dabei sicherlich die eine oder andere Pflanze ihres Gartens ein. Bei vermeintlich konkurrierenden Artgenossen lassen unkastrierte Rüden gerne den Macho raushängen, der auch mal mit viel Getöse einen Schaukampf um die Rangordnung anzettelt. Solche Auseinandersetzungen sind jedoch meist harmlos, während Hündinnen untereinander, aus der instinktsicheren Sorge um ihren vermeintlichen Nachwuchs, mit echten Beißereien nicht lange fackeln.

Das häufige Markieren eines Rüden ist nicht jedermanns Sache. Pflanzen, aber auch Hausecken können auf Dauer Schaden erleiden.

Hündinnen haben in der Regel eine etwas zierlichere Statur als Rüden. Machtkämpfe, wie sie bei Rüden um die hausinterne Rangordnung hin und wieder vorkommen können, sind bei Hündinnen eher selten. Trotzdem können sie,

Die läufige Hündin

Eine Mops-Hündin wird zum ersten Mal zwischen dem siebten und zwölften Lebensmonat läufig. Insgesamt dauert die Hitze, die ein- bis zweimal im Jahr auftritt, etwa 21 Tage. Sie unterteilt sich in drei Phasen: Die ersten neun Tage nennt man Vorbrunst (Proöstrus), äußerlich zu erkennen am Anschwellen der Schamlippen. Nun wird die Hündin ruhiger, vielleicht etwas launisch und markiert anfangs häufig; manchmal frisst sie auch schlecht und neigt zum Streunen. Jetzt lässt die Hündin zwar noch keinen Rüden an sich heran, ihr Interesse am anderen Geschlecht wächst jedoch zunehmend. Während der zweiten Phase, der sogenannten Hochbrunst oder Eisprungphase (Östrus) tritt immer mehr schleimiges, mit Blut vermischtes Sekret aus der Scheide aus. Zu diesem Zeitpunkt wandern die Eizellen vom Eierstock in den Eileiter; dort können sie befruchtet werden. Der Östrus dauert acht bis zehn Tage und ist zu erkennen am weiteren Anschwellen sowie einer noch stärkeren Rötung der Schamlippen. Die blutigen Ausscheidungen gehen in einen hellen Ausfluss über. Ab dem neunten Tag der Läufigkeit „steht" die Hündin; sie zeigt Rüden ihre Paarungsbereitschaft durch eine fast aufdringliche Annäherung und das seitliche Wegknicken ihrer Rute an. Nach dem Östrus folgt der Metöstrus; in dieser Phase klingt die Läufigkeit langsam ab, die Schwellung der Schamlippen geht zurück, der Ausfluss wird weniger. Auch das Verhalten „normalisiert" sich allmählich wieder.

vor allem hormonell bedingt, auch mal zickig sein. Eine Hündin wird ein- bis zweimal im Jahr läufig. Damit es nicht zu unerwünschtem Nachwuchs kommt, ist in diesem Zeitraum, der etwa drei Wochen dauert, besondere Vorsicht geboten. Während der Blutung ist ein spezielles Hundehöschen mit extra Slipeinlagen aus dem Fachhandel nötig, um Flecken im Haus zu vermeiden. Daran gewöhnt sich der Vierbeiner jedoch sehr schnell. Möchten Sie die Läufigkeit Ihrer Hündin auf Dauer umgehen, schafft eine Kastration Abhilfe.

Verhaltensauffälligkeiten, die durch Erziehungsfehler des Halters entstanden sind, lassen sich natürlich nicht durch eine Kastration korrigieren.

Verhütung bei Hunden

Bei der Kastration einer ***Hündin*** *nimmt man operativ die Eierstöcke und meist auch die Gebärmutter heraus. Da nun die entsprechenden hormonproduzierenden Drüsen fehlen, ist der Geschlechtstrieb nach einer Kastration völlig ausgeschaltet.*

Das Risiko der Hündin, an Gebärmutterkrebs und an einem Gesäugetumor zu erkranken, wird durch die Kastration deutlich vermindert bzw. bei einer Kastration vor der ersten Läufigkeit praktisch ausgeschlossen. Andererseits kann eine so frühe Kastration ein dauerhaft kindlich-kindisches Wesen der Hündin zur Folge haben, denn der Reifeprozess, der durch die Hormone ausgelöst wird, fehlt hier; dies muss jedoch kein Nachteil sein. Bei einer Operation nach der ersten Läufigkeit liegt das Krebsrisiko für die Hündin bei ca. 8 %, nach der zweiten Läufigkeit bei ca. 26 %.

Ein ***Rüde*** *ist kastriert, wenn seine beiden Hoden entfernt wurden.*

Kastrierte Tiere werden in der Regel ruhiger. Manche Hunde neigen anschließend verstärkt zu Fettansatz (Futtermenge anpassen), eventuellen Fellveränderungen oder zeigen Inkontinenz. Während man Hündinnen hauptsächlich zur Vermeidung unerwünschten Nachwuchses kastriert, erfolgt die Kastration eines Rüden häufig bei Verhaltensauffälligkeiten.

Selbstverständlich lassen sich Verhaltensauffälligkeiten, die durch Erziehungsfehler des Halters entstanden sind, nicht durch eine Kastration korrigieren.

Manche Rüden haben, bedingt durch zu viel Testosteron, einen übersteigerten Sexualtrieb, der mit Streunen, übertriebenem Imponiergehabe und aggressivem Konkurrenzverhalten gegenüber anderen Rüden einhergeht. Hier oder bei krankhaften Veränderungen der Geschlechtsorgane kann die Kastration eines Rüden durchaus nötig sein. Beim Rüden wirkt die Kastration auch als vorbeugende Maßnahme gegen Prostataerkrankungen und Perinaltumore (= Zubildungen rund um den After).

Letztendlich liegt es in den Händen eines verantwortungsvollen Tierarztes, individuell zu entscheiden, ob eine Kastration angebracht ist oder nicht.

Eine Alternative zur operativen Trächtigkeitsverhütung stellt die medikamentöse Verhütung mittels Hormonpräparaten dar. Diese Methode sollte allerdings nicht auf längere Zeit eingesetzt werden, denn die hormonelle Manipulation einer Hündin erhöht die Wahrscheinlichkeit einer eitrigen Gebärmutterentzündung, die in der Regel wiederum nur operativ zu behandeln ist.

Eine weitere ganz neue Möglichkeit ist die Verhütung mittels Implantat, das wie ein Mikrochip unter die Haut gespritzt wird und alle sechs Monate ausgetauscht werden muss. Laut Hersteller ist dieses Implantat nebenwirkungsfrei, allerdings ist es nicht ganz billig (ca. 50.- € Materialkosten). Für Hündinnen ist das Verhütungsimplantat noch in der Probephase. Bei Rüden wird es bereits eingesetzt; es zeigt die gleiche Wirkung einer operativen Kastration.

Ein Hund aus dem Tierheim

Viel Geduld und Einfühlungsvermögen brauchen Sie in der ersten Zeit für die Übernahme eines Hundes aus zweiter Hand.

Für die Aufnahme eines Tierheimhundes brauchen Sie viel Geduld und Einfühlungsvermögen. Da die Vorgeschichte eines solchen Vierbeiners oft völlig im Dunkeln liegt, können unerwartete Verhaltensweisen auftreten. Selbst bei einem Tierheim-Welpen wissen Sie häufig nichts Näheres über seine bisherige Haltung. Eine gute Kinderstube ist sehr wichtig und prägend für eine intakte Hundeseele, jedoch kann hier bei einem Second-Hand-Hund bereits einiges schief gelaufen sein, was sich nur schwer wieder ausbügeln lässt. Auch das Wesen der Elterntiere, die Sie im Tierheim meist nicht kennen lernen, ist ein wichtiger Anhaltspunkt für den späteren Charakter Ihres jetzt ausgesuchten Zöglings. Je nach früheren Erlebnissen hat Ihr junger oder älterer Mops vielleicht schon einige Macken, die Sie erst allmählich herausfinden müssen. Trotzdem lohnt es sich, diese Nuss behutsam zu knacken. Bevor Sie sich endgültig für die Übernahme eines Vierbeiners entscheiden, besuchen Sie ihn bereits mehrmals im Tierheim und gehen Sie mit ihm spazieren.

Die Auswahl eines Tierheimhundes erfordert besondere Sorgfalt, schließlich soll der Vierbeiner mit seiner neuen Familie zu einem echten Glückspilz und nicht, nach seinen ersten auftauchenden Eigenarten, zum erneut abgeschobenen Pechvogel werden. Setzen Sie sich und den Hund von Anfang an nicht unter Druck. Lassen Sie sich für die Gewöhnung aneinander ausreichend Zeit. Erklären Sie Ihren Kindern schon im Vorfeld, dass der neue Vierbeiner erst einmal Ruhe und Behutsamkeit zur Eingewöhnung braucht. Auch sie sollten zunächst beobachten, wahrnehmen und abwarten, ehe sie den haarigen Neuankömmling streicheln.

Beachten Sie ...

Die Übernahme eines Tierheimhundes erfordert in der Regel Hundeerfahrung, denn wie erwähnt, liegt die Vergangenheit des Vierbeiners häufig im Dunkeln; manche Tierheimhunde erscheinen auf den ersten Blick unkompliziert und anpassungsfähig; in unterschiedlichen, oft ganz banalen Situationen des Alltags holen sie jedoch rasch frühere schlechte Erlebnisse ein und lassen sie dementsprechend reagieren. Für Anfänger wird dies unter Umständen zu einem unlösbaren Problem; hundeerfahrene Menschen können sich dagegen kompetenter und souveräner darauf einstellen und damit auseinandersetzen. Erstlingshaltern sei daher geraten, zunächst einmal einen Mops-Welpen von einem seriösen VDH- bzw. FCI-Züchter zu nehmen.

Auswahl von Züchter und Hund

Die Auswahl eines solchen süßen Vierbeiners sollte man sich als zukünftiger Hundebesitzer nicht zu einfach machen.

Fällt Ihre Wahl auf einen Hund vom Züchter, bekommen Sie eine aktuelle Wurfliste über die Welpenvermittlung der dem VDH angeschlossenen Rassevereine. Vergleichen Sie verschiedene Zwinger kritisch vor Ort miteinander.

Nehmen Sie die Zuchtstätte genau unter die Lupe und kaufen Sie nicht den erstbesten Welpen vom erstbesten Züchter. Scheuen Sie sich nicht vor weiten Anfahrtswegen, immerhin geht es um die sorgfältige Auswahl eines neuen Familienmitglieds, mit dem Sie viele glückliche Jahre teilen möchten. Stellen Sie sich außerdem auf eine eventuelle Wartezeit ein, denn oft ist die Nachfrage höher als das Angebot.

Ein gesunder Mopswelpe muss Ihnen auch einiges Wert sein: der durchschnittliche Welpenpreis liegt derzeit zwischen 1200,- und 1400,- Euro.

Achten Sie darauf, dass die Welpen mit vollem Familienanschluss aufwachsen, und sich bei Ihrem Besuch interessiert, selbstbewusst und freundlich zeigen. Ihr Fell glänzt, sie sind gut genährt und sehen rundum gesund aus. Die Welpen dürfen weder ängstlich noch aggressiv reagieren. Nehmen Sie außerdem die Mutter sowie deren Gesundheitszeugnisse der Zuchttauglichkeitsprüfung gründlich in Augenschein. Die Hündin sollte freiatmend sein und von freundlichem, aufgeschlossenem Wesen. Sehen Sie nach, ob die Zuchtstätte sauber und hygienisch ist.

Ein guter Züchter befragt Sie ausführlich: er interessiert sich sehr für Sie, Ihr Umfeld und eventuell bereits vorhandene Hundeerfahrung. Außerdem wird er Sie in keiner Weise bedrängen oder Ihnen einen Welpen aufschwatzen. Das Wohl seiner Hunde liegt ihm wirklich am Herzen.

Haben Sie sich schließlich für einen Züchter und einen seiner Welpen entschieden, vereinbaren Sie vor der Abholung Ihres Vierbeiners weitere Besuche, damit sich der Kleine schon etwas an Sie gewöhnt. Bringen Sie dabei ein altes Handtuch mit, das in das Welpenlager gelegt, bald nach der Mutter und den Wurfgeschwistern riecht. Dieses Tuch nehmen Sie bei der Abholung des Welpen wieder mit und legen es dem Hundekind zuhause in sein neues Körbchen. Durch den weiterhin vorhandenen bekannten Geruch fällt Ihrem Vierbeiner somit die Trennung von seiner Kinderstube nicht so schwer.

Nur vom seriösen Züchter

Tätigen Sie keine Mitleidskäufe! Bei dubiosen Schwarzzuchten oder Hundehändlern liegen Herkunft, Aufzucht und Vergangenheit der Hunde oft völlig im Dunkeln, sodass Sie anstelle eines gesunden und wesensfesten Rassehundes schnell eine Mogelpackung bekommen, die Ihnen mit zunächst versteckten Krankheiten und Verhaltensstörungen ein Hundeleben lang Kummer bereiten kann. Das Warten auf einen Welpen von einer kontrollierten VDH- bzw. FCI-Zucht lohnt sich allemal; hier gelten strenge Zuchtauflagen, die eine gute Basis für das Hervorbringen robuster, gesunder und wesensstarker Vierbeiner bilden.

Ein gleichzeitiges Aufziehen mehrerer Würfe (möglicherweise noch von unterschiedlichen Rassen) innerhalb einer Zuchtstätte sollte Sie stutzig machen, spricht dies doch sehr für eine rein kommerzielle Angelegenheit. Die deutschen VDH-Zuchtvereine verbieten solch ein Vorgehen.

Die Elterntiere sollten freiatmend sein und von freundlichem, aufgeschlossenem Wesen – auch gegenüber fremden Menschen. Die Zuchtstätte sollte sauber und hygienisch sein.

Welches Zubehör ist nötig?

Ein Hund braucht seinen eigenen Schlafplatz; er sollte nicht auf Ihren Sitzgelegenheiten ruhen.

Für die Abholung Ihres Welpen benötigen Sie ein Welpenhalsband oder -geschirr und eine Leine, am besten aus Nylon. Dies ist im Vergleich zu Leder leichter, stabiler, nässefester und problemloser zu reinigen. Der ausgewachsene Hund braucht später ein größeres und breiteres Halsband oder Geschirr sowie eine passende, stabile Leine. Gewöhnen Sie Ihren Mops sofort an das Tragen eines Halsbandes. Ist dies geschafft, befestigen Sie am Halsband neben der Steuermarke, eine gravierte Plakette oder eine Hülse mit Ihrer Adresse und Telefonnummer, damit Sie im Falle des Verschwindens Ihres Vierbeiners schnell benachrichtigt werden können. Das Halsband darf nicht zu eng und nicht zu locker sitzen. Ein Finger muss problemlos zwischen Hals und Halsband passen.

Besorgen Sie außerdem für Haus und Garten je ein Set mit einem Futter- und einem Wassernapf. Sehr gut geeignet, da leicht zu reinigen, sind Edelstahl-, Keramik- oder stabile Plastiknäpfe.

Bei der Wahl des richtigen Welpenfutters lassen Sie sich am besten vorab von Ihrem Züchter beraten. Natürlich dürfen auch Belohnungsleckereien nicht fehlen.

Schlafplatz, Fellpflege und Spielzeug

Ihr Hund braucht seinen eigenen Liegeplatz. Manchen Vierbeinern genügt hier eine einfache Decke oder ein Kissen, andere kuscheln sich lieber in einen Korb. Wichtig ist in jedem Fall eine leichte, unproblematische Reinigung, denn angemessene Sauberkeit und Hygiene sind eine unverzichtbare Basis für ein langes, gesundes Hundeleben. Achten Sie darauf, dass alle Decken und Kissen maschinenwaschbar sind. Haben Sie einen Korb angeschafft, schrubben Sie diesen von Zeit zu Zeit aus und desinfizieren Sie ihn anschließend mit Ungezieferspray. Inzwischen sind nicht nur Hunde„körbe" aus Rattangeflecht erhältlich, sondern auch aus stabilem, beißfestem Plastik oder aus Schaumgummi und Kunstwatte mit Stoffüberzug.

Als Übergangslösung hat sich für einen Junghund, der noch alles annagen und zerbeißen will, ein großer, mit einer Decke ausgelegter Karton bewährt, der schnell und preiswert ausgetauscht werden kann. Vielseitig verwendbar und ebenfalls sehr praktisch ist eine große Plastik-Transportbox oder ein Klappbox aus verchromtem Stahlgitter. Ihr Welpe findet darin bereits ein heimeliges Lager vor, in dem Sie ihn während Ihrer Abwesenheit auch mal für kurze Zeit ausbruchssicher verwahren können. Später weiß sogar Ihr erwachsener Mops diese Rückzugsmöglichkeit zu schätzen, vermittelt das Innere so einer Box doch die Geborgenheit einer Höhle. Bei einer Klappbox kommt dieses Höhlenfeeling erst richtig auf, wenn Sie ihn noch mit einem großen Tuch abdecken. Käfig oder Box sind ebenfalls sehr hilfreich für eine sichere

Nach der Ankunft im neuen Zuhause sollte Ihr kleiner Hund nicht vor einem leerem Napf sitzen. Sein Welpenfutter sollte hochwertig und leicht verdaulich sein – lassen Sie sich am besten vom Züchter beraten.

Unterbringung Ihres Hundes im Auto. Eine ordnungsgemäße Sicherung des Vierbeiners in einem Auto ist übrigens Pflicht. Bei Verstoß drohen hohe Geldstrafen. Sie können Ihren Mops auch mit einem speziellen Hundegurt auf der Rückbank anschnallen oder, Sie verwenden ein Trenngitter, das den Schrägheckkofferraum, in dem Ihr Vierbeiner sitzt, sicher vom Personenabteil abtrennt. Mancherorts ist für die Beförderung in öffentlichen Verkehrsmitteln ein Maulkorb vorgeschrieben, auch, wenn Ihr Hund ganz friedlich ist.

Für den Fellwechsel im Frühjahr und Herbst benötigen Sie eine Bürste oder einen Noppenhandschuh. Handtücher

Selbstverständlich braucht Ihr vierbeiniger Jungspund auch geeignetes Spielzeug.

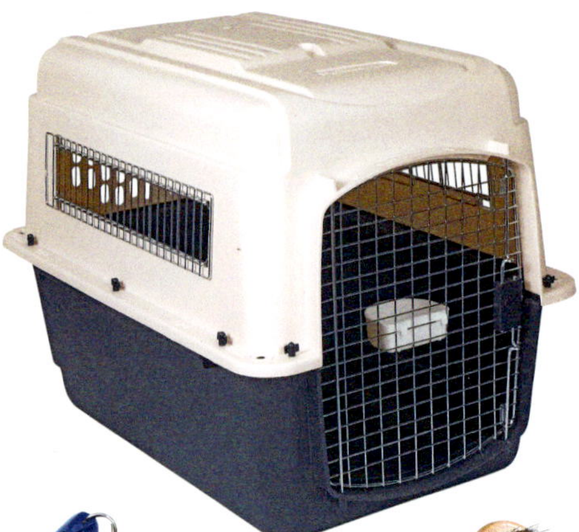

zum Abtrocknen und Säubern dürfen für Schlechtwettertage nicht fehlen. Schaffen Sie sich außerdem eine Zeckenzange an, um Ihren bellenden Freund schnell von den lästigen Plagegeistern befreien zu können.

EXTRA

Das richtige Hundespielzeug

Orientieren Sie sich bei der Auswahl des richtigen **Hundespielzeuges** an folgendem Grundsatz: Alles, was für Kleinkinder ungeeignet ist, kann auch für Hunde gefährlich werden. So sind spitze, scharfkantige und splitternde Gegenstände oder Dinge, in denen Drähte oder Nägel enthalten sind, für Ihren Vierbeiner absolut tabu. Verboten sind ebenfalls Äste von giftigen Bäumen oder Sträuchern und lackierte Hölzer. Luftballons stellen eine Gefahr dar, weil sie zerbissen schnell heruntergeschluckt werden und eine Darmverschlingung hervorrufen können. Achten Sie darauf, dass sich Ihr Mops nicht an den Spielsachen Ihrer Kinder wie beispielsweise Legobausteinen sowie an Schnüren, Nylonstrümpfen, Windlichtern oder Plastikbechern vergreift. Unproblematisch sind spezielle Hundespielsachen aus Hartholz, Jute, Hartgummi, Stoff und reißfestem Nylon. **Kauspielzeug** aus natürlichen Materialien, wie Rinder- und Büffelhaut, bietet nicht nur eine interessante Beschäftigung, sondern hat gleichzeitig einen gesundheitlichen Nutzen, denn es stärkt und reinigt das Gebiss. **Bälle** sollten immer so groß sein, dass Ihr Hund sie nicht verschlucken kann. Quietschspielzeug ist nur bedingt geeignet: Ist Ihr Vier-

Passen Sie ein wenig auf, dass Ihr Mops einen aus bunten Baumwollschnüren zusammengedrehten Knoten nicht zerlegt und zu viele Schnüre davon verschluckt. Das kann gefährlich für ihn werden.

beiner ein besonders eifriger „Spielzeug-Designer“ zerlegt er auch ein Quietschtier schnell und frisst möglicherweise sogar das quietschende Ventil. Manche Kynologen vertreten außerdem die Meinung, dass ein Hund durch das ständige Quietschen die Beißhemmung gegenüber quiekenden Artgenossen verlernt. Besser bewährt haben sich Spielsachen aus robustem **Hartgummi** oder Naturkautschuk. Apportiert Ihr Mops gerne, verzichten Sie wegen der Splittergefahr auf Stöckchen aus dem Wald. Besorgen Sie ihm lieber **Hartholzspielzeug** aus dem Zoofachhandel. Diese Apportierhölzer kommen auch auf Hundeplätzen zum Einsatz. Als Alternative gibt es Bringsel aus Jute oder Leder, die absolut maulschonend sind. Ein aus bunten Baumwollschnüren zusammengedrehter **Knoten** ist zwar sehr beliebt, kann jedoch gefährlich werden, wenn der Vierbeiner den Knoten zerlegt und zu viele Schnüre davon verschluckt.

Welpensicheres Zuhause

Vorsicht auch mit Pflanzen im Garten: sie könnten für Ihren Welpen giftig sein!

Überprüfen Sie Ihr Zuhause schon vor dem Einzug eines Welpen auf mögliche Gefahrenquellen für den kleinen Vierbeiner und beseitigen Sie diese gegebenenfalls. Für den noch unerfahrenen, verspielten Mops, der ständig auf der Suche nach neuen Abenteuern ist, lauern etliche Gefahren in Haus und Garten. Welpen erkunden ihre Umgebung in erster Linie mit der Nase und mit den Zähnen, das heißt: alles, was Hund aufstöbert, muss beknabbert oder sogar gefressen werden. Besonders gefährlich und gefährdet sind hier Kabel und mobile Mehrfachsteckdosen. Verlegen Sie Kabel daher entweder in Kabelkanälen oder lagern Sie diese, solange der Welpe noch in der Flegelphase ist, höher. Versehen Sie Steckdosen am Boden und in Nasenhöhe des vierbeinigen Knirpses vorsichtshalber mit Kindersicherungen

Gefährliche Treppen, wie etwa die rutschigen Steinstufen, lassen sich am besten mit einem Babygitter sichern.

Bewahren Sie Putzmittel und Medikamente ebenfalls außer Reichweite des jungen Mopses auf. Erhöhte Vorsicht gilt bei Pflanzen, besonders, wenn sie giftig sind. Stellen Sie auch diese vorübergehend hoch oder quartieren Sie sie an einen anderen Ort um. Ein weiteres großes Gefahrenpotenzial stellen heruntergefallene Kleinteile wie Büroklammern, Stecknadeln oder Geldstücke dar, weil sie der Welpe aus Neugier fressen könnte. Von ganz besonderer Anziehungskraft sind Schuhe. Junghunde spüren häufig mit einer erstaunlichen Zielsicherheit gerade das teuerste Paar auf und zerlegen es; vielleicht waren Sie aber auch schneller und haben die Schuhe rechtzeitig in Sicherheit gebracht. Hängen Sie auch Jalousie- und Rollobänder vorübergehend höher, denn das Fangen und Zerbeißen der „baumelnden“

Schnüre ist ebenfalls sehr beliebt. Besonders interessiert ist der Welpe überall dort, wo es etwas auszuräumen gibt. Sichern Sie daher Möbeltüren oder Schubladen, die Ihr abenteuerlustiger Vierbeiner eventuell andernfalls mit seiner Schnauze oder Pfote öffnet. Ein mit einem Vorhang abgehängtes Regal regt enorm die Neugier eines jungen Hundes an. Evakuieren Sie also rechtzeitig empfindliche Gegenstände. Höchst attraktiv sind auch Abfalleimer, deren Inhalt Ihren Mops auf vielfältige Art schädigen kann. Steigen Sie deshalb besser auf Abfalleimer mit fest verschlossenem Deckel um. Nicht zuletzt ist das wilde Toben des kleinen Rackers gefährlich: ist ein Welpe erst einmal in Fahrt, kennt er kein Halten mehr. Sichern Sie Treppen daher am besten mit einem Babygitter. Natürlich müssen Sie generell alles Zerbrechliche aus dem Weg räumen.

Zusammenfassend gilt Alles, was für Babys oder Kleinkinder in einem Haushalt gefährlich ist, kann auch für einen jungen Hund lebensbedrohlich werden. Richten Sie sich jedoch durch entsprechende Vorkehrungen rechtzeitig darauf ein, wird das Zusammenleben mit Ihrem Mopswelpen in der heißen (Flegel-)Phase sicherlich stressfreier sein.

Tipps für den Garten

Auch im Garten kann es für einen jungen Hund gefährlich werden. Denken Sie hier an Folgendes:

- *Damit sich der Welpe nicht unerlaubt auf Wanderschaft begibt, umzäunen Sie Ihr Grundstück.*
- *Flicken Sie rechtzeitig vor Ankunft des Vierbeiners Löcher im bereits vorhandenen Zaun.*
- *Lagern Sie gefährliche Stoffe in der Garage wie beispielsweise Frostschutzmittel für das Auto am besten in einem verschließbaren Schrank.*
- *Vorsicht mit der Aufbewahrung und Verwendung von Chemikalien im Garten (z.B. Dünger, Schneckenkorn etc.).*
- *Komposthaufen und Gartenteich sollten für Ihren Mops unzugänglich sein.*
- *Bewahren Sie gefährliche Gartengeräte wie Scheren, Sägen, Rechen und Hacken außerhalb der Reichweite Ihres Hundes auf.*
- *Hängen Sie den Gartenschlauch sicherheitshalber auf.*

Für einen Welpen sind Kinderspielsachen und auch Schuhe von ganz besonderer Anziehungskraft.

Die ersten Tage daheim

Ein seriöser Mops-Züchter gibt seine Welpen geimpft und entwurmt nicht vor der zwölften Lebenswoche ab. Am Abgabetag stattet er Sie mit dem Impfpass, der FCI-Ahnentafel (falls diese bereits vorliegt), Pflege-, Fütterungstipps und etwas Futter für den Übergang aus. Vergessen Sie zur Abholung Ihres Hundekindes Welpenhalsband und Leine nicht. Wenn Sie berufstätig sind, nehmen Sie sich mindestens in den ersten zwei Wochen nach Einzug des Vierbeiners frei. Dies erleichtert nicht nur die Erziehung zur Stubenreinheit, sondern ist auch für die gesunde, seelische Entwicklung des Hundebabys sehr wichtig.

Lassen Sie sich für die Heimfahrt viel Zeit. Eine längere Autofahrt ist für Ihren Welpen neu und ungewohnt; manchen Hundekindern wird zunächst einmal übel, einige speicheln daraufhin nur, andere müssen sich übergeben. Machen Sie unterwegs mehrere Pausen, in denen sich Ihr kleiner Mops lösen und bewegen kann. Fahren Sie langsam und knallen Sie nicht mit den Autotüren.

Ankunft im neuen Heim

Sind Sie mit Ihrem Welpen zu Hause angekommen, geben Sie ihm erst einmal genügend Zeit und Möglichkeit, sein neues Domizil ausgiebig zu erkunden. Auf keinen Fall dürfen alle Familienmitglieder gleichzeitig auf ihn einstürmen. In den ersten Stunden ist Behutsamkeit angebracht, damit der neue Mitbewohner nicht verängstigt wird. Zeigen Sie Ihrem Welpen seinen Schlafkorb. Setzen Sie ihn immer wieder hinein und beschäftigen Sie sich dort eine Weile mit ihm. Verbinden Sie dies schon von Anfang an mit dem Kommando „Körbchen“. So merkt er bald, dass der Korb sein Platz ist und lernt schnell, auch auf Befehl dorthin zu gehen. Hat sich

Für die Heimfahrt mit Ihrem Welpen sollten Sie sich viel Zeit lassen – schließlich ist für den Kleinen alles noch neu und ungewohnt.

Nach dem Füttern und wenn Ihr junger Mops nach dem Schlafen aufwacht, bringen Sie ihn möglichst sofort ins Freie, damit er sich lösen kann.

die erste Aufregung im neuen Heim für den Kleinen etwas gelegt, bekommt er sein Futter. Ein zwölfwöchiger Welpe muss drei Mahlzeiten erhalten. Eine Futterumstellung darf nur langsam erfolgen. Am besten mischen Sie hierfür nach und nach das mitgegebene Futter des Züchters mit Ihrem eventuell neuen Futter. Nach dem Füttern bringen Sie den Welpen sofort nach draußen, damit er sich lösen kann. Genauso verfahren Sie, wenn Ihr junger Mops nach dem Schlafen aufwacht.

Beachten Sie, dass ein Welpe zunächst wie ein Baby noch sehr viel Schlaf braucht, ein Bedürfnis, dem Sie unbedingt Rechnung tragen sollte. Zur Erleichterung der Eingewöhnung nachts stellen Sie das Körbchen am besten an Ihr Bett. Ist Ihr Hund sehr unruhig, legen Sie ihm einen Wecker unter sein Kissen. Das Ticken erinnert ihn an den Herzschlag der Mutter und beruhigt ihn. Werden Sie, ob dieses kleinen, niedlichen und vermeintlich hilflosen Geschöpfes, nicht schwach und lassen den Welpen ins Bett. Damit tun Sie sich und dem Hund keinen Gefallen. Dies wäre bereits der erste Schritt für den kleinen Neuankömmling in der Rangordnung mit Ihnen zu konkurrieren. Streicheln Sie Ihren, in seinem Körbchen liegenden Vierbeiner lieber von Ihrem Bett aus in den Schlaf. Die zärtliche Berührung mit Ihrer Hand gibt ihm all die Geborgenheit und das Vertrauen, das er braucht, um als Hundebaby einem neuen aufregenden Tag entgegen zu schlafen.

Viel Geduld mit Tierheimhunden

Ein Second-Hand-Hund benötigt besonders viel Zeit zur Eingewöhnung. Beobachten Sie den Neuankömmling ganz genau, um ein besseres Bild von seiner Persönlichkeit zu bekommen. Rasch finden Sie heraus, ob Sie nun ein extremes Sensibelchen oder eher ein forsches Raubein im Haus haben. Lassen Sie Ihrem Neuzugang nichts durchgehen, was er auch später nicht tun darf. Ein ehemaliger Tierheimhund wird in einer neuen Familie zunächst mit Reizen überflutet, die er erst einmal in Ruhe verarbeiten muss. Trotzdem ist es wichtig, Ihren Mops von Anfang an so natürlich wie möglich an Ihrem normalen Tagesablauf teilhaben zu lassen. Führen Sie sofort feste Fütterungs-, Spiel- und Spaziergehzeiten ein, damit Ihr vierbeiniger Kamerad bald seinen festen Rhythmus kennt. Hat sich die erste Aufregung gelegt, wird Ihr Hund auch Sie ganz genau beobachten. Einem Mops entgeht nichts. Er durchschaut schnell, wer in der Familie das Sagen hat und wer nicht und, wo es Schwachstellen in der familieninternen Rangordnung gibt. Daher ist es besonders wichtig, klare Regeln vorzugeben, die der Vierbeiner strikt einhalten muss. Nimmt Ihr Mops sofort einen eindeutigen Platz in der neuen Lebensgemeinschaft ein, mit einem Mensch an der Spitze, an dem er sich orientieren kann, ist rasch ausgeglichen und glücklich.

Gewöhnen Sie Ihren Welpen langsam an alle Geräusche und Situationen des Alltags.

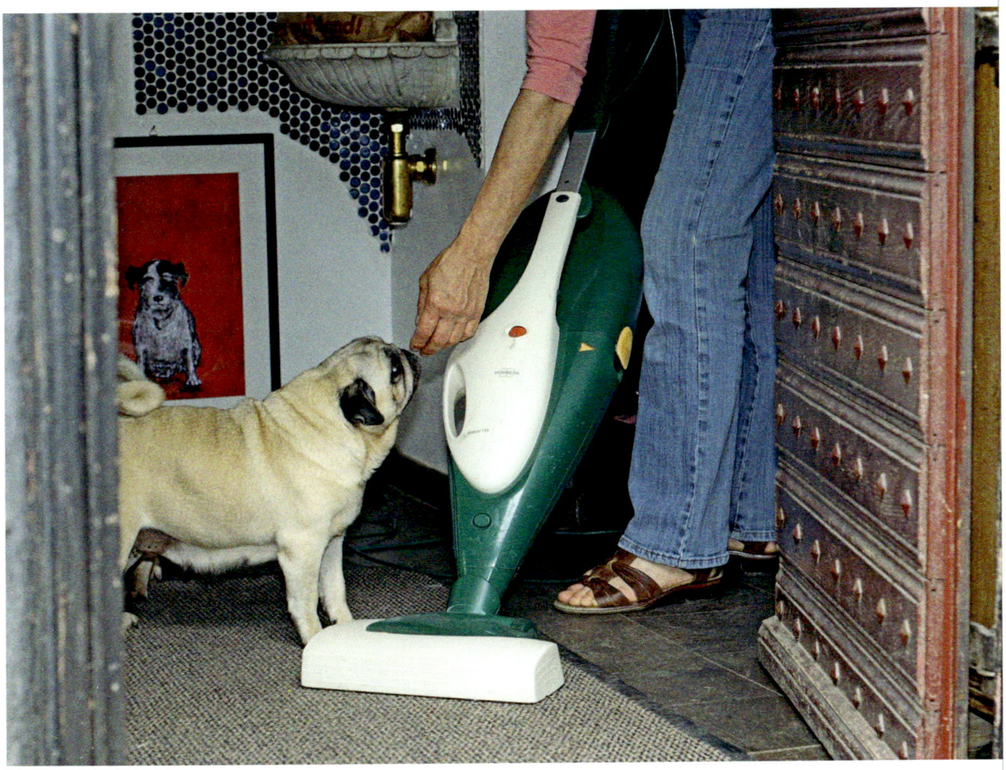

Tipp für Second-Hand-Hundebesitzer

Um herauszufinden, welche Talente und Vorlieben Ihr Mops hat, kann eine kompetente Hundeschule sehr hilfreich sein. Hier werden meist auch Spiel-, Spaß- und Sportkurse angeboten, die jeden Vierbeiner seinen Neigungen entsprechend fordern. Die intensive gemeinsame Beschäftigung mit Ihrem Mops wird Ihre Bindung zueinander weiter fördern und Sie bald zu einem unzertrennlichen Dream-Team zusammenschweißen.

Gegenseitiges Kennenlernen

Auf Ihren ersten Spaziergängen sehen Sie, wie sich Ihr vierbeiniger Neuzugang Artgenossen gegenüber verhält. Auch für einen erwachsenen Mops ist der regelmäßige Kontakt zu anderen Hunden wichtig. Stellen Sie Ihrem Mops möglichst bald, an der Leine gehalten, eventuelle andere Haustiere vor. Hat Ihr bellender Kamerad in seiner Prägephase keine gute Sozialisierung erfahren, ist der Besuch einer Hundeschule empfehlenswert. Ein Second-Hand-Hund kann hier zusammen mit seinem Halter noch sehr viel lernen. Erziehungstechnisch brauchen Sie bei einem erwachsenen Hund meist nicht ganz bei Null anfangen, sondern können auf die bereits vorhandenen Grundlagen aufbauen. Wichtig ist, dass Ihr Vierbeiner nun Sie als neuen Hundeführer und somit Kommandogeber akzeptiert. Konsequenz und Einfühlungsvermögen ihrerseits sind dabei unerlässlich. Auch die richtige Motivation ist ein sicherer Garant für eine erfolgreiche und partnerschaftliche Erziehung. Nur so macht es Ihrem Mops Spaß, Ihnen zu gehorchen.

Einfacher hat es der Neuzugang, wenn er sich von einem älteren, bereits im Haushalt lebenden Hund vieles abschauen kann.

Sozialisierung

Auch bei Möpsen ist Abwechslung Trumpf!

Damit er später als erwachsener Hund einen stressfreien Alltag mit einem sozialverträglichen Verhalten gegenüber Mensch und Tier leben kann, muss schon der Welpe mit möglichst vielen Umweltreizen vertraut gemacht werden. Die wichtigste Zeitspanne für die Sozialisierung liegt zwischen der dritten und etwa der 16. Lebenswoche. Für die erste Phase ist also der Züchter verantwortlich: Dort soll der Welpe nicht nur durch den Umgang mit seiner Mutter und den Wurfgeschwistern hündisches Verhalten lernen, auch möglichst viele positive Erfahrungen mit verschiedenen Menschen, einschließlich Kindern sind für die weitere Entwicklung des kleinen Vierbeiners wichtig. Deshalb sind bei einem verantwortungsvollen Züchter ab der vierten Woche Besucher willkommen, selbstverständlich wohl dosiert, um die Welpen nicht zu überfordern. Durch eine abwechslungsreiche Umgebung, wie beispielsweise einem interessanten, kleinen Abenteuerspielplatz im Welpenauslauf, wird das Hundekind bereits mit diversen Umweltreizen vertraut gemacht. Kurze Ausflüge sind dagegen erst erlaubt, wenn der Welpe komplett geimpft ist (ab der achten Lebenswoche). Hundekinder, die bis zu ihrer Abholung (und auch danach) völlig abgeschottet von ihrer Umwelt leben, tragen in der Regel irreparable Schäden davon, die sie an einer normalen Entwicklung hindern. Solche Hunde bleiben häufig ihr Leben lang unglückliche Sorgenkinder, die sich ständig als unsichere Angsthasen oder auch Beißer gebärden.

Nach der Abholung Ihres Mopses vom Züchter liegt die weitere Entwicklung des Welpen in Ihrer Hand. Machen Sie ihn zuhause mit möglichst vielen Situationen bekannt: Sperren Sie ihn beispielsweise nicht weg, wenn Sie staubsaugen oder, wenn Besuch kommt. Dies bedeutet natürlich nicht, dass Sie sofort nach der Ankunft des Vierbeiners den Staubsauger schwingen oder gar eine große Party feiern sollen. Vielmehr macht's die richtige Dosierung, damit Ihr junger Mops langsam, aber sicher alle Geräusche und Abläufe um ihn herum als völlig normal ansieht. Leben noch andere Tiere bei Ihnen, gewöhnen Sie alle Vierbeiner ganz behutsam aneinander. Auf Stadtausflüge wird Ihr Welpe optimal vorbereitet, wenn Sie Großstadtgeräusche zunächst von einem Band abspielen. Am günstigsten ist dies während der Fütterung, denn dann verknüpft Ihr kleiner Mops die ungewohnten Geräusche gleich mit etwas Positivem. Steigern Sie die Lautstärke allerdings erst allmählich. Gewöhnen Sie Ihren jungen Vierbeiner ebenfalls frühzeitig an die Mitnahme und das gesittete Verhalten im Auto und in öffentlichen Verkehrsmitteln.

Neue Eindrücke sammeln

Während Ihrer Spaziergänge lassen Sie den Welpen in Ruhe seine Umgebung erkunden. Streuen Sie zwischendurch kleine Spielchen ein, die all seine Sinne und vor allem auch das Interesse an Ihnen wecken. Auf diese spielerische Art merkt Ihr Mops schnell, dass es sich lohnt, Ihnen zu folgen. Wechseln Sie öfters mal die Wege und provozieren Sie Begegnungen mit Artgenossen, anderen Tieren und Menschen. Beginnen Sie hier bereits spielerisch die Erziehung, indem Sie Ihrem Mops beispielsweise durch Ablenkung mit einem verlockenden Spielzeug schon beibringen, fremde Menschen nicht anzuspringen. Respektieren Sie auch, wenn ein anderer Hundebesitzer von einem Zusammentreffen mit Ihnen Abstand nimmt. Vielleicht genoss sein Hund nicht so eine gute Sozialisierung wie Ihrer. Nehmen Sie Ihren Welpen dann lieber an die kurze Leine und gehen Sie ohne direkten Kontakt am anderen Vierbeiner vorbei, schließlich muss Ihr Mops auch lernen, sich in solchen Situationen manierlich zu verhalten. Das Kennenlernen verschiedener Bodenuntergründe und von Wasser fällt ebenso in die wichtige Sozialisierungsphase.

Verantwortungsvolle Züchter heißen ab der vierten Lebenswoche der Kleinen Besucher willkommen.

Unbedingt empfehlenswert ist der Besuch einer Welpenspielstunde in einer guten Hundeschule. Hier lernt der junge Vierbeiner zusammen mit gleichaltrigen Artgenossen, wie er sich hündisch korrekt verhält. Außerdem wird er dort mit unterschiedlichen Geräuschen und Gegenständen wie zum Beispiel einem aufgespannten Regenschirm oder flatternden Folien vertraut gemacht. Um eine gute Verträglichkeit mit Artgenossen zu fördern, empfiehlt sich zudem häufiger Hundebesuch bei Ihnen daheim. Da Ihr Mops dann nicht mehr als vierbeiniger Alleinherrscher im Mittelpunkt steht, kann dies sogar „Einzelkindallüren" entgegenwirken.

Verschiedene Bodenuntergründe sowie das Element Wasser kennenzulernen, ist für die Sozialisierungsphase wichtig.

So finden Sie die passende Hundeschule

Das Geschäft mit Hundeschulen und Tiertrainern boomt: vielerorts werden Übungsplätze eröffnet. Bei der Fülle von Angeboten ist es dennoch oft schwierig, eine für sich und seinen Vierbeiner passende Hundeschule zu finden. In der Regel wissen Tierärzte, örtliche Tierheime oder andere Hundehalter, welche Möglichkeiten es in Ihrer Region gibt. Auch überregionale Verbände und Organisationen sind kompetente Ansprechpartner.

Ein Welpe braucht den Kontakt zu Artgenossen gleichen Alters, aber auch zu Älteren.

EXTRA

Welpenspielplatz zu Hause

Auch ausgelassene Spielrunden sollten auf einem (eingezäunten!) Hundeplatz erlaubt sein.

Mit einfachen und ganz alltäglichen Dingen können Sie Ihrem Welpen zu Hause einen Abenteuerspielplatz kreieren. Machen Sie Ihr Hundekind langsam mit den diversen Stationen vertraut, zeigen Sie ihm alles ganz behutsam. Loben Sie Ihren Welpen ausgiebig, wenn er mutig die neue Umgebung erkundet. Haben Sie Geduld mit Angsthasen und bestätigen Sie diese für jeden kleinen Schritt mit Leckerli und freundlicher, beruhigender Stimme.

ⓘ Stellen Sie eine Hundetransportbox mit geöffneter Tür auf und verteilen Sie in der Box Leckerli: so wird der Welpe schon spielerisch mit der Box vertraut gemacht, verknüpft sie mit etwas Positivem (Futter) und empfindet später die Reise darin als etwas ganz Normales.

Ein kleiner, mit Wasser gefüllter Trog ist für Ihren Mops ein tolles Hundeplantschbecken.

ⓘ Legen Sie eine große Malerfolie auf dem Boden aus: dies ist ein unbekannter, raschelnder und glatter Untergrund, den es zu betreten gilt. Streuen Sie für Zaghafte Leckerli auf der Folie aus.

ⓘ Hängen Sie alte, bunte Stofffetzen an eine Wäscheleine: Hier lernt der Kleine, sich nicht von flatternden Dingen aus der Ruhe bringen zu lassen. Eine Stufe schwieriger wird's mit Folienresten, denn diese rascheln auch noch.

ⓘ Stellen Sie einen großen, offenen Karton auf, den Ihr Vierbeiner nach Herzenslust erkunden und anschließend auch zerlegen darf.

ⓘ Legen Sie einen Eimer auf den Boden, den Ihr Hundekind ausgiebig erkunden darf.

ⓘ Selbst ein Zelt ist ein interessantes Erkundungsobjekt, das sowohl durch die Überdachung, als auch durch den Zeltboden neu und aufregend ist.

ⓘ Stellen Sie zum genauen Erforschen einen aufgespannten Sonnenschirm auf den Boden, legen Sie als Lockmittel Leckerli darunter aus.

ⓘ Lassen Sie zunächst in großer (!) Entfernung vom Welpen eine aufgeblasene Butterbrottüte platzen, sodass er den Knall erst nur sehr gedämpft hört. Zusätzlich kann er währenddessen von einer zweiten Person abgelenkt werden. Wenn sich der Hund entspannt hat, ausgiebig loben und belohnen. Erhöhen Sie ganz langsam die Intensität des Geräusches. Auf diese Weise lernt ein Welpe Silvesterknallerei und Donnergrollen zu trotzen. Selbstverständlich funktioniert diese Übung auch wieder über eine aufgenommene CD. Beginnen Sie jedoch wie immer erst leise und steigern Sie die Lautstärke nur langsam.

Behalten Sie Mops und Kind beim gemeinsamen Spielen immer im Auge.

Bitte beachten Sie, dass dieser Spielplatz zu Hause auf keinen Fall das Welpenspielen mit Artgenossen auf einem Hundeplatz ersetzt. Er stellt lediglich eine gute Ergänzung dar, die Ihren Vierbeiner anderen Alltagssituationen gegenüber selbstbewusster und gelassener werden lässt.

Haben Sie eine konkrete Hundeschule im Auge, prüfen Sie das Angebot mit dem folgenden Fragenkatalog sorgfältig:

- *Ist der Trainer schon am Telefon bereit, ausführlich Fragen zu beantworten und fragt er Sie auch viel über Sie und Ihren Hund?*
- *Nach welcher Methode wird trainiert?*
- *Kann der Trainer eine fundierte Ausbildung nachweisen?*
- *Gibt es ein (eingezäuntes!) Trainingsgelände, auf dem die Hunde in Trainingspausen auch mal miteinander spielen dürfen?*
- *Wie groß sind die Trainingsgruppen? Zu große Gruppen lassen kaum noch Spielraum für die genaue Beobachtung und Beratung eines jeden Einzelnen.*
- *Gibt es auch Einzelstunden für individuelle Probleme?*
- *Stehen die Kosten in einem vernünftigen Verhältnis zum Angebot?*
- *Sind ein anfängliches Zusehen sowie ein Probetraining möglich?*
- *Stimmt die Chemie zwischen Ihrem Mops und dem Trainer sowie zwischen Ihnen und dem Trainer?*
- *Freut sich Ihr Vierbeiner, wenn es auf den Hundeplatz geht und hat er Spaß am Training?*
- *Macht Ihr Hund langfristig Fortschritte?*

Merken Sie, dass Sie mit dem Trainer oder der angebotenen Methode nicht zurechtkommen, wechseln Sie die Hundeschule. Handeln Sie immer im Interesse Ihres Vierbeiners. Nur ein Hund, der Spaß an der Sache hat, lernt gerne und leicht. Auch Sie können in einer kompetenten und sympathischen Hundeschule nette Freundschaften und Kontakte mit Gleichgesinnten knüpfen und einen wichtigen Erfahrungsaustausch pflegen.

Auch Kinder können in einer Hundeschule viel lernen.

Beobachten Sie genau, ob Ihr Mops Spaß am Training hat, denn Freude an der Sache muss immer an erster Stelle stehen.

Erste Erziehungsschritte

In Gemeinschaft mit gleichgesinnten Hundehaltern macht das Lernen am meisten Freude.

Gerade Ersthalter lassen sich häufig vom süßen Blick und putzigen Verhalten ihres neuen Familienmitglieds einwickeln und verschieben die Erziehung des kleinen Rackers zunächst einmal auf unbestimmte Zeit. Machen Sie diesen Fehler nicht. Am aufnahmefähigsten ist ein Welpe bis zur 18. Lebenswoche, nützen Sie also diese Zeit und fangen Sie sofort mit einer spielerischen Erziehung an. Ganz entscheidend für die Lernbereitschaft und damit auch die Lernfähigkeit ist das Lernklima. Stress und Angst sind Gift für ein erfolgreiches Lernen. Sicherlich können Sie das aus eigener Erfahrung gut nachvollziehen. Verschaffen Sie Ihrem Hund daher eine ruhige, angenehme und entspannte Atmosphäre, in der er, verstärkt durch die richtige Motivation, Spaß am Lernen hat.

Ein Mops lernt grundsätzlich sehr schnell und leicht, seien Sie sich aber auch darüber im Klaren, dass er das Gelernte häufig nur nach dem Lustprinzip wiedergibt. Dies ist absolut rassetypisch und darf auf keinen Fall bestraft werden. Liebevolle Überredungskunst bringt hier in der Regel am meisten.

Wie lernt ein Welpe?

ⓘ *Welpen sind ganz genaue Beobachter und lernen somit rasch, wovor Sie Angst haben, wen Sie mögen und wen nicht. Auch die familieninterne Rangordnung durchschauen sie schnell.*

ⓘ *Welpen sind Praktiker. Vieles lernen sie durch Erfahrung, wie schlechte oder gute Erlebnisse, Bestrafung und Lob.*

ⓘ *Das genaue Lernverhalten eines Welpen ist abhängig von seinem individuellen Charakter, seiner Intelligenz und seinen speziellen, angeborenen Neigungen.*

Das ist ein großes Lob wert: Wie erwartet verrichtet der Kleine draußen sein Geschäft.

Stubenreinheit

Ein Welpe braucht wie ein Menschenbaby auch zunächst ein gewisses Bewusstsein dafür, wo er sich lösen darf und wo nicht. Gehen Sie bei der Erziehung zur Stubenreinheit ganz behutsam vor und überfordern Sie Ihren kleinen Mops nicht. Bringen Sie ihn nach jeder Mahlzeit und gleich nach dem Aufwachen zum Lösen ins Freie. Beobachten Sie Ihr Hundekind ganz genau, denn auch, wenn er beispielsweise breitbeinig am Boden schnüffelt, ist schnelles Handeln angebracht, denn postwendend kann ein Pfützchen folgen. Verrichtet der Kleine draußen sein Geschäft, loben Sie ihn unbedingt überschwänglich.

Damit nachts möglichst nichts daneben geht, stellen Sie in Ihrem Schlafzimmer als anfängliches Welpenlager einen hohen Pappkarton oder eine Transportbox auf, aus der Ihr Vierbeiner nicht selbstständig herauskommt. Weil er sein eigenes Lager nicht beschmutzen will,

Plötzliche Unsauberkeit

Unsauberkeit im Erwachsenenalter kann viele Gesichter haben. Um eine organische Ursache abzuklären, suchen Sie zunächst einen Tierarzt auf. Kann dies zweifelsfrei ausgeschlossen werden, begeben Sie sich in Ihrem Umfeld bzw. in der Seele Ihres Hundes auf Spurensuche. Fühlt sich Ihr Hund einsam oder vernachlässigt, verkraftet er einen eventuellen Umzug nicht, ist er eifersüchtig oder wird er gar von Artgenossen aus der Umgebung gemobbt? Oftmals steckt ein psychisches Problem des möglicherweise unverstandenen Vierbeiners dahinter. Auf keinen Fall dürfen Sie Ihren Hund für seine plötzliche Unsauberkeit bestrafen. An erster Stelle muss stets die Ursachenforschung stehen. Daraufhin folgt eine Verhaltensänderung seitens des Besitzers und schließlich auch des Hundes. Unterstützend hat sich der Einsatz von ***Bachblüten*** *bewährt. Um jedoch differenziert auf das jeweilige Problem des Vierbeiners eingehen zu können, empfiehlt sich ein ausführliches Gespräch mit einem veterinärmedizinisch erfahrenen Bachblütentherapeuten.*

Will Ihr Mops nicht weitergehen, motivieren Sie ihn mit aufmunternden Worten oder Leckerchen.

Spielerisch geübt, lernt Ihr Mopswelpe bald, sich gesittet an der Leine zu verhalten.

wird er unruhig und fängt an zu winseln, wenn er muss. Bringen Sie ihn dann schnell hinaus. Entdecken Sie ein Pfützchen im Haus, entfernen Sie es stillschweigend und gründlich, damit Ihr Welpe nicht wieder, von seinem eigenen Geruch angezogen, an derselben Stelle uriniert. Ertappen Sie ihn gerade beim Lösen, heben Sie ihn mit einem bestimmten „Nein" hoch und tragen Sie ihn in den Garten. Fährt er dort mit seinem Geschäft fort, loben Sie ihn wieder ausgiebig. Stupsen Sie nie seine Hundenase in die Hinterlassenschaften, denn dies hat keinerlei Lerneffekt, ist Tierquälerei und somit als Strafe völlig ungeeignet. Es führt nur zu einem Vertrauensbruch zwischen Ihnen und Ihrem Welpen. Bringen Sie Ihr Hundekind anfangs vorsichtshalber alle ein bis zwei Stunden hinaus. Je aufmerksamer Sie Ihren Welpen beobachten und je schneller Sie dann reagieren, umso rascher wird Ihr Mops stubenrein.

Leinenführigkeit

Mit ein paar Tricks können Sie Ihrem Welpen ein ordentliches Gehen an der Leine schnell beibringen. Bleiben Sie dabei dauerhaft konsequent, gewöhnt sich Ihr Mops auch später kein übermäßiges Ziehen an. Machen Sie Ihr Hundekind zunächst einmal spielerisch mit seiner Leine vertraut. Lassen Sie den Welpen ausgiebig daran schnuppern und zeigen Sie ihm, dass hiervon absolut keine Gefahr für ihn ausgeht. Dann leinen Sie Ihren Vierbeiner an und locken ihn mit einem Leckerli oder seinem Lieblingsspielzeug, sodass er ein paar Schritte an der Leine geht. Loben und belohnen Sie ihn ausgiebig, wenn er die Leine vergisst und Ihnen folgt. Geben Sie nicht nach, wenn er sich stur stellt, sich hinsetzt oder fallen lässt. Setzen Sie sich unbedingt spielerisch durch, denn einige Vierbeiner testen bei dieser Übung bereits, wie weit sie mit ihrem Sturköpfchen gehen können. Versuchen Sie Ihren Welpen in einem solchen Fall abzulenken, machen Sie sich interessant und locken Sie ihn zu sich. Eine weitere Möglichkeit besteht darin, die Leine fallenzulassen, weiterzugehen und den Namen des Welpen zu rufen. Da der Kleine nicht alleingelassen werden möchte, wird er Ihnen automatisch folgen. Nun loben Sie ihn überschwänglich und geben Sie ihm ein Leckerchen oder sein Lieblingsspielzug. Diese Übung sollten Sie natürlich nicht an einer Straße durchführen. Die richtige Motivation spielt für den jungen Hund stets eine entscheidende Rolle. Jeder Schritt in die richtige Richtung wird ausgiebig gelobt.

Akzeptiert Ihr Mops die Leine, geht es daran, ihn gar nicht erst zum Ziehen zu verleiten. Sobald sich die Hundeleine spannt, rufen Sie

Lassen Sie Ihren Mops nicht an der Leine ziehen – in diesem Alter lernt er die Leinenführigkeit schnell.

Ihren Hund zu sich und klopfen Sie sich dabei gleichzeitig aufmunternd ans Bein. Machen Sie Ihren Hund auf Sie aufmerksam, indem Sie ein Leckerli oder das Lieblingsspielzeug Ihres Vierbeiners in der Hand halten. Sprechen Sie immer wieder mit Ihrem Mops und motivieren Sie ihn mit Spaß, an lockerer Leine bei Ihnen zu bleiben. Kommt Ihr kleiner Schüler zu Ihnen und bleibt er auch bei Ihnen, loben Sie ihn ausgiebig. Die täglichen Spaziergänge werden für Sie beide interessanter, wenn Sie öfters neue Wege gehen.

Verzögerungstaktik bei Leinenzug

Eine gute Leinenführigkeit erreichen Sie ebenfalls, wenn Sie stehen bleiben, sobald sich die Leine spannt. Reden Sie nicht mit Ihrem Hund und ziehen Sie auch selbst nicht an der Leine, sondern warten Sie einfach ab. Stoppt der Spaziergang, wird sich Ihr bellender Begleiter schnell umdrehen, um zu sehen, warum es eine Verzögerung gibt. In diesem Moment lockert sich die Leine: loben Sie Ihren Vierbeiner sofort ausgiebig und setzen Sie Ihren Gang in die genau entgegengesetzte Richtung fort. Diese Übung verlangt viel Ruhe und Geduld. Zunächst sind etliche Wiederholungen nötig, doch bald hat Ihr Mops verstanden, dass auf ein Ziehen an der Leine ein sofortiger Stillstand und anschließender Richtungswechsel erfolgt, kein Leinenzug jedoch viel Lob und Spaß bringt.
Um übermäßiges Ziehen an der Leine einzudämmen, ist ein Leinenruck oder -zug Ihrerseits nicht empfehlenswert: Dies kann die empfindliche Halswirbelsäule und den Kehlkopf massiv verletzen. Außerdem zeigen Sie

Übertriebene Leinenführigkeit

Einige Hundeführer lassen ihre Vierbeiner an der Leine nur streng Bei-Fuß gehen. Dies ist als Dauerzustand sicherlich übertrieben. Der Hund hat durch das ständige Bei-Fuß-Gehen keine Möglichkeit mehr, unterwegs stehen zu bleiben und zu schnüffeln. Da das Lesen und Setzen von Duftmarken für den Vierbeiner zu einem intakten Sozialverhalten und der internen Kommunikation mit Artgenossen gehört, macht ihm solch ein strenger Spaziergang schlicht und einfach keinen Spaß.

Ab und zu ein kleiner Zug nach vorne ist erlaubt und noch nicht als mangelnde Leinenführigkeit anzusehen. Gönnen Sie Ihrem bellenden Kamerad möglichst oft leinenfreie Phasen, in denen er sich nach Herzenslust so richtig austoben darf.

Machen Sie kein Aufhebens um Ihren Aufbruch und Ihre Rückkehr, ansonsten erziehen Sie Ihren Vierbeiner zu späterer Trennungsangst.

Die Gesellschaft eines befreundeten „Leihhundes" hat schon so manchen Unruhegeist zur Vernunft gebracht, sodass er inzwischen sogar alleine bleibt.

dem Hund genau *das* Verhalten, welches Sie ihm eigentlich abgewöhnen wollen. Ziehen Sie auch dann nicht an der Leine, wenn Ihr Vierbeiner längere Zeit schnüffelt und nicht weiter gehen will. Motivieren Sie ihn lieber mit aufmunternden Worten oder einer Spielaufforderung, Ihnen zu folgen. Das Weitergehen können Sie sogar üben, indem Sie immer das gleiche Kommando wie beispielsweise „Weiter" sowie eine auffordernde Handbewegung verwenden. Am schnellsten lernt Ihr Hund diese Übung unangeleint auf einer Wiese. Weil sich Hunde sehr an Ihrer Körpersprache orientieren, ist es wichtig, dass Sie nach der gesprochenen Aufforderung „Weiter" auch wirklich weiter gehen und nicht stehen bleiben. Läuft Ihnen Ihr Mops nach, loben Sie sofort wieder kräftig und geben Sie ihm ein Leckerli oder spielen Sie zur Belohnung mit ihm.

Alleinbleiben

Gesittetes Alleinbleiben will gelernt sein und zwar von klein auf, schließlich kann man einen Hund nicht immer und überall hin mitnehmen. Lassen Sie Ihren Mops anfangs nur kurz allein und zwar erst, wenn er sich in seiner Umgebung ganz sicher und geborgen fühlt. Entfernen Sie sich aus dem Zimmer, wenn er schläft oder mit einem Kauröllchen beschäftigt ist. Liegt Ihr Welpe bei Ihrer Rückkehr noch brav auf seinem Platz, loben Sie ihn. Vergrößern Sie langsam die Zeitspanne und gehen Sie schließlich ganz aus dem Haus. Machen Sie kein Drama aus Ihrem Weggehen und verabschieden Sie sich nicht groß. Je mehr Aufhebens Sie um Ihren Aufbruch und Ihre Rückkehr machen, umso eher erziehen Sie Ihren Vierbeiner zu späterer Trennungsangst. Loben Sie jedoch, wenn er brav auf Sie gewartet hat und spendieren Sie ruhig auch mal ein Leckerli.

Versüßen Sie Ihrem Mops die Wartezeit mit einfachen und geeigneten Spielsachen.

Weitere Tipps

Das Alleinbleiben fällt Hunden leichter, die müde sind. Gehen Sie daher vorher mit Ihrem Vierbeiner spazieren oder spielen Sie mit ihm. Auch satte Hunde sind schläfrig. Es empfiehlt sich also außerdem, Ihren Mops vor Ihrem Weggang zu füttern. Lassen Sie ihn anschließend aber noch einmal nach draußen, damit er sich lösen kann. Viele Hunde tröstet schon ein vertrautes Kleidungsstück wie ein ausrangierter Socken oder eine alte Jacke von Ihnen im Körbchen.

Trotz aller Übung gibt es immer wieder Härtefälle, die sich sehr schwer mit dem gesitteten Alleinbleiben tun. Versüßen Sie so einem „Sorgenkind“ die Zeit des Wartens mit einfachen Spielsachen.

Langeweile muss nicht sein

Damit Ihr Hund Ihre Gardinen, Möbel oder andere Einrichtungsgegenstände verschont, geben Sie ihm Pappschachteln oder leere Allzweckrollen, um seinen Frust abzureagieren. Auch kleinere, stabile Kartons mit Deckel garantieren eine abwechslungsreiche Beschäftigung. Verstecken Sie darin in Zeitung gewickelte Leckerlis. Während Supernasen die Knabbereien sofort erschnuppern und eifrig „auspacken“, können Sie für weniger Geübte einige „Duftlöcher“ in den Deckel stechen.

Versteckt Ihr Hund gerne Leckereien, hat es sich bewährt, ihm Plätze in der Wohnung dafür einzurichten, an denen er nach Herzenslust „graben“ darf. Hierfür verteilen Sie beispielsweise ausgediente Handtücher oder Decken an verschiedenen Stellen eines

Raumes. Dies schützt Sie auch davor, einen feucht-klebrigen Kauknochen oder ähnliches abends in Ihrem Bett zu finden.
Kurzweiliger wird das Warten ebenfalls mit einem Futterball aus dem Zoofachhandel, der nur ab und zu, bei bestimmten Bewegungen, über verschieden große Öffnungen Leckerlis frei gibt. Hier muss der Hund Geduld und Geschicklichkeit beweisen, wodurch er von anderem Schabernack abgelenkt wird.
Läuft während Ihrer Abwesenheit das Radio, fühlt sich Ihr Mops nicht so einsam.
Da geteiltes Leid bekanntlich halbes Leid ist, kann auch die Anschaffung eines Zweithundes oder die vorübergehende Vergesellschaftung mit einem befreundeten „Leihhund" aus der Nachbarschaft helfen. Letzteres hat schon so manchen Quälgeist zur Vernunft gebracht, sodass er inzwischen sogar alleine und, ohne außerplanmäßige Dummheiten zu machen, auf Herrchens Heimkehr wartet.
Hat Ihr Vierbeiner während Ihrer Abwesenheit etwas angestellt, schimpfen Sie ihn nicht; dafür müssten Sie ihn wirklich auf frischer Tat ertappen, ansonsten bringt er die Bestrafung nur mit

Beißt Ihr Mops im Spiel zu fest in Ihre Hand, beenden Sie das Spiel sofort. So lernt er, dass Zubeißen das Spielende bedeutet.

In der Flegelphase stellt der Vierbeiner häufig allerhand Unfug an. Manche Hunde sind hierbei unglaublich einfallsreich.

Ihrer Rückkehr, nicht aber mit seinem Vergehen in Zusammenhang. Ignorieren Sie Ihren Hund lieber, bis alle Spuren beseitigt sind.

Abgewöhnen von Jugendsünden

Die Flegelphase eines Junghundes beginnt etwa ab dem achten Lebensmonat. In diese Zeit fällt auch die Geschlechtsreife des Vierbeiners. Nun testet Ihr Mops vermehrt aus, wie weit er gehen kann, und ob sie Ihnen wirklich gehorchen muss oder nicht. Außerdem stellt der Jungspund allerhand Unfug an. Manche Hunde sind hierbei sehr erfinderisch. Kein Wunder, schließlich suchen sie mit ihrem aufmüpfigen Verhalten ihre genaue Rangposition innerhalb des Familienrudels. Spätestens jetzt ist ein konsequentes Grenzensetzen enorm wichtig, ansonsten wächst Ihnen Ihr Mops schnell über den Kopf. Achten Sie unbedingt auf feste und klare Regeln und einen strukturierten Tagesablauf. Nur so merkt Ihr Vierbeiner, wer in der Familie das Sagen hat; er orientiert sich daran und passt sich an.

Bekommt Ihr Hund Leckerbissen vom Tisch, brauchen Sie sich über penetrantes Betteln nicht zu wundern.

Knabber- und Beißspiele

Absolut unerwünscht ist das Beknabbern und Zerbeißen von Schuhen oder ähnlichem. Der bellende Teenager zwickt auch gerne in Hände, Füße und (Hosen-)Beine. Zwar ist das Knabbern nicht generell schlecht, immerhin nimmt der Junghund damit seine Umgebung ganz genau unter die Lupe. Neue Dinge lernt er also auf diese Weise erst einmal kennen. Trotzdem müssen Sie dieses Verhalten zuhause in die richtigen Bahnen lenken. Am besten bekommt Ihr Mops gar keine Gelegenheit, an Ihre Schuhe oder Socken zu gelangen. Hat er doch einmal etwas Unerlaubtes zwischen den Zähnen, nehmen Sie es ihm mit einem energischen „Nein" weg. Nach einer kurzen Pause lenken Sie ihn mit einem kleinen Spiel ab, und geben ihm anschließend ein erlaubtes Kauspielzeug. In dieser Phase ist es besonders wichtig, dem Vierbeiner genügend „legale" Knabberspielsachen aus Hartgummi, Hartholz oder Büffelhaut zur Verfügung zu stellen, denn häufig kaut der Welpe schon aus Langeweile. Ebenfalls unerlässlich ist natürlich eine angemessene Auslastung durch Spaziergänge und Spiele. Vergreift sich Ihr Mops im Spiel zu fest an Ihrer Hand, reagieren Sie erneut mit einem „Nein" und beenden Sie das Spiel sofort. Bald stellt der Kleine sein Zwicken ein, denn der stets folgende Spielentzug macht das Beißen unattraktiv.

Lassen Sie nichts Essbares in Reichweite Ihres Mopses liegen.

Betteln

Geben Sie Ihrem Hund einen Leckerbissen vom Tisch, erziehen Sie ihn regelrecht zum Betteln. Selbst wenn Sie dieses Verhalten nicht stört, fallen Ihr Junghund und damit auch Ihre Erziehung bei Besuchern oder in einer eventuellen Pflegestelle doch sehr negativ auf. Damit es erst gar nicht so weit kommt, richten Sie Ihrem Vierbeiner von Anfang an einen eigenen, festen Futterplatz ein; nur hier wird er gefüttert. Während Ihrer Mahlzeit muss er auf seinem Platz liegen. Wollen Sie ihm dennoch ein kleines Stückchen Wurst oder Käse von Ihrer Brotzeit abgeben, füttern Sie es Ihrem Hund trotzdem erst, wenn Sie mit Essen fertig sind.

Futterklau

Etliche Hunde stehlen bei jeder Gelegenheit alles Essbare vom Tisch. Da es sich hierbei um ein selbstbelohnendes Verhalten handelt, ist dies dem Vierbeiner nur schwer abzugewöhnen: Der Hund wird mit dem geklauten Futter umgehend für seine Tat belohnt. Diese Verstärkung bringt Ihren Hund also dazu, die unerlaubte Handlung immer wieder durchzuführen. Am besten lassen Sie nichts Essbares in Reichweite Ihres Mopses liegen.
Schimpfen Sie Ihren Hund nur, wenn Sie ihn auf frischer Tat ertappen, ansonsten hat er seinen Diebstahl vergessen und bringt die Strafe mit Ihrer Rückkehr in Verbindung. Einen Futterklau können Sie auch provozieren und gleich mit einem schlechten Erlebnis für den Vierbeiner kombinieren: Träufeln Sie beispielsweise etwas Zitronensaft über Ihr verlockendes Essen und lassen Sie Ihren Vierbeiner damit alleine. Möchte er nun den vermeintlichen Leckerbissen klauen, wird er sein saures Wunder erleben und Ihr Essen in Zukunft meiden.

Springen auf Möbel

Hunde springen gerne auf das Bett, die Couch oder einen Sessel, denn sie lieben erhöhte

Hunde lieben erhöhte Aussichtsplätze. Aber aufs Sofa sollte der Mops nur mit Ihrer Erlaubnis dürfen und vor allem ohne Murren wieder herunterspringen.

Sitz- und Liegeplätze. Nicht nur der gemütliche Liegekomfort sondern auch die tolle Rundumsicht, mit der Hund stets alles im Blick hat, spielt hier eine Rolle. Im Prinzip spricht nichts dagegen, wenn Ihr Mops auf Kommando hinauf- und wieder hinabspringt. Tut er das nicht, oder nur unter Protest, lassen Sie ihn gar nicht mehr nach oben. Eine Bestrafung nützt allerdings wieder nur, wenn Sie den Täter prompt überführen. Für den Fall Ihrer Abwesenheit machen Sie Ihrem Vierbeiner bevorzugte Liegeflächen wie Bett oder Couch so ungemütlich wie möglich: Legen Sie eine dünne Decke aus, unter der Sie lärmende Gegenstände wie Topfdeckel oder mit Kieselsteinen gefüllte Blechdosen verstecken. Springt Ihr Hund nun auf das so präparierte Sofa, erschreckt er durch die laut scheppernden Dinge. Auch der Liegekomfort ist dadurch stark beeinträchtigt, Ihre Couch verliert somit schnell ihren Reiz. Manchmal reicht es sogar schon, den verbotenen Platz mit beidseitigem Klebeband zu präparieren.

Vor dem Alleinebleiben nochmal so richtig im Garten toben – das macht müde. So lernt er das Alleinbleiben schnell.

Bei jeder Berührung ziept es, weil einige Haare daran hängen bleiben.

Übermäßiges Bellen

Dauerkläffen kann verschiedene Ursachen haben. Viele Hunde bellen, um mehr Aufmerksamkeit zu bekommen. Ihre wütende Reaktion reicht ihnen meist schon als Bestätigung und Motivation, weiterzumachen. Andere Vierbeiner bellen aus Unsicherheit oder Angst: etliche sensible Vertreter werden gerade während Ihrer Abwesenheit aus Verlassensangst laut (siehe Kapitel „Alleinbleiben"). Manchen Kläffern wurde das Bellen auch unbewusst anerzogen: Gerade bei Junghunden wird das Anschlagen häufig in bestimmten Situationen durch eine Belohnung gefördert. Möpse sind in der Regel sehr wachsam, was vor allem in Verbindung mit Langeweile zu einem lästigen Dauerbellen führen kann. Oft steigern sich Hunde immer weiter in ihr Kläffen hinein. Um übermäßiges Bellen abzustellen, ist in erster Linie eine intensive, auslastende Beschäftigung wichtig. Fordern Sie Ihren Mops mit einer alternativen Aufgabe. Loben und Belohnen Sie Ihren Hund in Bellpausen ausgiebig. Lassen Sie Ihren redseligen Vierbeiner während seiner „Arie" ins „Platz" gehen: Im Liegen fühlen sich Hunde unsicherer und möchten nicht noch zusätzlich auf sich aufmerksam machen. Auch ein großer Kauknochen kann hilfreich sein. Bellt Ihr Mops unaufhörlich im Garten oder auf dem Balkon, wirkt eine Wasserpistole mit größerer Reichweite Wunder: Der Hund wird überraschend getroffen und verbindet die Strafe nicht mit Ihrer Hand.

Grundkommandos

„Sitz"

Reagiert Ihr Mops zuverlässig auf ihren Namen, beginnen Sie mit der „Sitz"-Übung. Nehmen Sie hierfür ein Leckerli in die Hand, zeigen Sie es Ihrem Hund, damit er aufmerksam wird, aber geben Sie es ihm noch nicht. Führen Sie nun den Futterbrocken langsam an der Nasenspitze des Vierbeiners vorbei nach oben und dann nach hinten, in Richtung Hundestirn. Weil Ihr haariger Schüler dem verlockenden Leckerbissen folgen möchte, muss er sich am Ende Ihrer Handbewegung zwangsläufig hinsetzen. Belohnen Sie ihn jetzt sofort mit der Leckerei, sagen Sie dabei das Kommando „Sitz" und loben Sie ihn ausgiebig. Wiederholen Sie diese Übung mehrmals täglich. Setzt sich Ihr Vierbeiner nicht hin, drü-

Sobald Ihr Mops zuverlässig auf seinen Namen reagiert, können Sie mit der „Sitz"-Übung beginnen.

Aufgepasst!

Trainieren Sie mit Ihrem Mops nur, wenn Sie seine volle ***Aufmerksamkeit*** *haben. Machen Sie sich für Ihren Hund zunächst also mit einem Leckerli oder seinem Lieblingsspielzeug interessant. Beginnen Sie die Übung erst, wenn Ihr Vierbeiner genau auf Sie achtet.*

cken Sie zusätzlich sanft sein Hinterteil nach unten. Loben und belohnen Sie sofort, wenn er sitzt und geben Sie auch den Befehl „Sitz". Klappt die Lektion schließlich auf Kommando, verwenden Sie zusätzlich zur Sprache ein Sichtzeichen (z.B. erhobener Zeigefinger). Später genügt das visuelle Signal, damit Ihr Mops absitzt. Das Erlernen von Sichtzeichen kann Ihnen und Ihrem Hund vor allem auf die Entfernung hin sehr nützlich sein. In der Regel lernen Hunde das „Sitz" sehr schnell.

„Platz"

Da das Hinlegen auf Befehl vom Hund als Unterordnung empfunden wird, ist das Einüben des „Platz"-Befehls häufig schwieriger als das Erlernen des Kommandos „Sitz". Nicht jeder Vierbeiner möchte sich so einfach ergeben, daher kann es hierbei vor allem mit sehr selbstbewussten Vierbeinern Probleme geben.

Lassen Sie Ihren Mops zunächst vor Ihnen absitzen und anschließend an Ihrer Hand schnuppern, in der ein Leckerli versteckt ist. Gehen Sie dann mit Ihrer verlockend duftenden Hand von der Hundenase abwärts zwischen den Vorderbeinen des Hundes bis auf den Boden. Dort angekommen, ziehen Sie das Leckerli langsam zu sich her. Da Ihr haariger Schüler dem Futterbrocken mit der Nase folgen möchte, wird er sich aus Bequemlichkeit am Ende von selbst hinlegen, um besser an Ihre Hand zu gelangen. Sagen Sie genau in diesem Moment „Platz", loben Sie den Hund ausgiebig und belohnen Sie ihn mit dem Leckerli. Steht Ihr Vierbeiner bei dieser Übung lieber auf, anstatt sich hinzulegen, helfen Sie mit sanftem Druck auf seine Schultern etwas nach. Bei Erfolg Lob und Belohnung sowie das gesprochene Kom-

Das Kommando „Platz" erlernt der Hund am besten aus der Sitzstellung.

Lern-Tipps

Trainieren Sie kein neues Kommando ehe das vorher angefangene nicht sicher klappt! Üben Sie nie mit Ihrem Hund, wenn Sie gestresst und schlecht gelaunt sind oder keine Zeit haben. Ihre negative Stimmung überträgt sich sofort auf Ihren vierbeinigen Schüler. Er ist dadurch verunsichert und bekommt unter Umständen eine Lernblockade. An erster Stelle des Trainings muss immer Spaß und gute Laune stehen.

Beherrscht Ihr haariger Kamerad das Kommando „Bleib" perfekt, können Sie es ab jetzt in Ihren Alltag einbauen.

„Bleib"-Training für Regentage

Den „Bleib"-Befehl können Sie an Regentagen auch gut in der Wohnung üben. Entfernen Sie sich zunächst nur innerhalb des Zimmers vom Hund. Solange Sie noch in Sichtweite sind, verwenden Sie unbedingt zum gesprochenen Kommando das Sichtzeichen, ein Signal, das Ihnen in freier Natur auf große Entfernung hin wertvolle Dienste leistet. Später verlassen Sie den Raum ganz, wobei Ihr Mops seine Position solange nicht verändern darf, bis Sie es ihm erlauben. Erfinden Sie aus dieser Übung heraus Indoor-Spiele wie beispielsweise „Verstecken" (Mensch, Gegenstände, Futter etc.). Sparen Sie selbstverständlich auch bei Spielen nie mit Lob. Stecken Sie Ihren eifrigen Vierbeiner mit guter Laune an, nur so macht Lernen Spaß!

mando nicht vergessen. Klappt das „Platz", führen Sie ein zusätzliches Sichtzeichen ein. Winkeln Sie dafür beispielsweise Ihren Unterarm an und strecken Sie ihn dann langsam nach unten aus. Ihre Handfläche bleibt ebenfalls dabei gestreckt.

„Bleib"

Das Kommando „Bleib" wird in der Hundeerziehung meist unterschätzt. In vielen Situationen kann es von großer Bedeutung sein, den Vierbeiner in einer bestimmten Position verharren zu lassen. So hat sich das „Bleib" beispielsweise bei der Körperpflege, beim Warten an einer Straße oder um den Hund von der Verfolgung einer Katze abzuhalten, bewährt.
Am leichtesten lernt Ihr Mops den Befehl „Bleib" über die Grundkommandos „Sitz" und „Platz". Lassen Sie Ihren Vierbeiner zunächst vor Ihnen absitzen oder abliegen. Kombinieren Sie dabei das „Sitz" oder „Platz" mit dem Wort „Bleib". Verwenden Sie zusätzlich von Anfang an folgendes Sichtzeichen: Ihre Handfläche zeigt am ausgestreckten Arm zu Ihrem Hund. Dies symbolisiert Ihrem Hund ein Stopp beziehungsweise ein Verharren in der momentanen Position. Erstrecken Sie das „Bleib" anfangs nur über eine sehr kurze Zeitspanne und steigern Sie diese erst allmählich. Loben Sie wie immer viel und schimpfen Sie nicht, wenn Ihr vierbeiniger Schüler zunächst nicht in der gewünschten Stellung bleibt. Hier helfen nur Geduld und ein ruhiges „Nein" sowie das anschließende erneute In-Position-Bringen unter Verwendung der entsprechenden Befehle (z.B. „Sitz und Bleib")

und des Sichtzeichens. Vergrößern Sie neben dem Zeitfaktor allmählich auch die Entfernung zum Hund. Steigern Sie den Schwierigkeitsgrad langsam, indem Sie die Übungsorte wechseln, und außerdem Ablenkungen für Ihren Hund schaffen, auf die er natürlich nicht reagieren darf (z.B. durch Geräusche, Gegenstände, andere Menschen, andere Hunde). Schließlich soll Ihr Vierbeiner, selbst wenn Sie außer Sichtweite sind, in der gewünschten Position verharren.

Erschweren Sie die Übung immer erst dann, wenn der vorausgegangene Schritt wirklich sitzt. Beherrscht Ihr bellender Freund das Kommando „Bleib“ perfekt, können Sie den Befehl ab jetzt in diversen Situationen in Ihren Alltag integrieren. Auch bei Fotoaufnahmen macht Ihr Mops nun als ruhig verharrendes Modell eine gute Figur. Ebenso hilfreich ist das „Bleib“ für das Erlernen von Kunststückchen.

„Hier“

Üben Sie das Herkommen zunächst in einem abgeschlossenen Terrain, in dem sich für den Hund möglichst wenige Ablenkungen bieten. Stellen Sie sich in kurzer Distanz vor den Hund hin und gehen Sie in die Hocke. Haben

Nur, wenn Sie richtig interessant sind, wird Ihr Mops auf Ihr Kommando reagieren und herkommen.

Nützen Sie bei einem Welpen den noch vorhandenen Folgetrieb aus und beginnen Sie bereits mit einem verlockenden Leckerli die „Hier“-Übung.

Sie die volle Aufmerksamkeit Ihres Mopses, rufen Sie ihn beim Namen und gleich darauf das Kommando „Hier“. Locken Sie Ihren Hund zusätzlich mit einem Leckerli oder seinem Lieblingsspielzeug. Kommt der Vierbeiner auf Sie zu, loben und belohnen Sie ihn ausgiebig. Vergrößern Sie die Distanz nach und nach. Gehen Sie jedoch wie immer erst zur nächsten Trainingseinheit über, wenn die Vorherige sicher sitzt. Loben Sie den Vierbeiner wieder überschwänglich, wenn er bei Ihnen ankommt.

Klappt das „Hier“ zuverlässig in abgeschlossenem Terrain, beginnen Sie mit ersten Übungen im freien Feld. Dabei leistet eine lange Schlepp-Leine gute Dienste. Lassen Sie die Leine neben dem Hund schleifen. Auf das Kommando „Hier“ ziehen Sie Ihren Mops

Machen Sie sich interessant

Macht Ihr Hund keine Anstalten, auf Befehl zu Ihnen zurück zu kommen, sind Sie sicherlich zu uninteressant für ihn. Versuchen Sie die Aufmerksamkeit Ihres Mopses mit einer spannenden Stimme, dem Zeigen eines Leckerlis, einer lustigen Spielaufforderung oder einem Sprint in die entgegengesetzte Richtung, zu erreichen. Erst dann wird er auf Ihr Kommando reagieren.

Kommt Ihr Hund erst nach längerem Warten zu Ihnen zurück, schimpfen Sie ihn auf keinen Fall, denn dann verbindet er die Schelte gerade mit seiner Rückkehr. Er hat längst vergessen, dass er nicht auf den „Hier"-Befehl gehört hat.

sanft zu sich her. Schnell lernt Ihr haariger Gefährte, Ihren verlängerten Arm zu respektieren und zuverlässig auf Befehl zu kommen, auch wenn Ablenkungen in der Nähe sind.
Die tägliche Fütterung eignet sich gerade beim ohnehin verfressenen Mops ebenfalls als Lockmittel. Wartet der Hund beispielsweise hungrig auf sein Futter, bringen Sie ihn in ein anderes Zimmer, in dem ihn eine Hilfsperson festhält. Gehen Sie dann zurück zum Napf und rufen „Hier". Jetzt wird der Vierbeiner losgelassen und er rennt sofort zu Ihnen beziehungsweise seinem heiß ersehnten Fressen. Bei dieser Methode verknüpft Ihr Mops den „Hier"-Befehl immer mit etwas Angenehmem.
Kommt Ihr Hund mehr oder weniger zufällig zu Ihnen, sagen Sie erneut sofort das Kommando „Hier" und loben und belohnen Sie ihn überschwänglich. Selbst dieses Zufallsprinzip ist Erfolg versprechend.

Lob und Strafe

Lob ist in der Hundeerziehung der Schlüssel zum Erfolg. Belohnen Sie jeden Schritt in die richtige Richtung eines erwünschten Verhaltens sofort, auch wenn Ihr Hund zufällig handelt. Nur so motivieren Sie Ihren Vierbeiner, aus Spaß an der Freude mit Ihnen weiterzuarbeiten. Passen Sie die Art der Belohnung individuell an die Vorlieben Ihres Mopses an. So freuen sich manche Hunde schon sehr über ein gesprochenes Lob und Streicheleinheiten, andere bevorzugen eher Leckerlis. Einige Vertreter sind glücklich, wenn sie ihr Lieblingsspielzeug bekommen, wieder andere empfinden ein lustiges Spiel als tolle Belohnung. Setzen Sie Strafen dagegen nicht in Form von körperlicher Gewalt ein: Abgesehen von einem raschen Vertrauensbruch kann eine körperliche Züchtigung sogar als positive Verstärkung wirken, schließlich bekommt der Vierbeiner damit Aufmerksamkeit beziehungsweise Zuwendung, auch, wenn diese negativer Art ist. Dies bestärkt ihn wiederum in seinem Fehlverhalten und veranlasst ihn dazu, weiterzumachen. Viel wirkungsvoller als Gewalt ist der Entzug von Zuwendung, wenn es die Situation zulässt. Ignorieren Sie unerwünschtes Verhalten also einfach. Schwerwiegende

Der Entzug von Zuwendung ist viel wirkungsvoller als Gewalt. Unerwünschtes Verhalten sollte von Ihnen ignoriert werden.

Verhaltensauffälligkeiten wie Schnappen oder Beißen dürfen selbstverständlich nicht ignoriert werden. Wenden Sie sich in einem solchen Fall an einen kompetenten Hundetrainer. Bellt Ihr Hund beispielsweise übermäßig, ignorieren Sie es. Belohnen Sie andererseits aber jede Bellpause. Auf diese Weise lernt Ihr haariger Freund, dass sich Nicht-Bellen mehr auszahlt als Kläffen. Eine weitere wirksame Vorgehensweise gegen unerwünschtes Verhalten ist, Ihren renitenten Mops in eine bestimmte langweilige Zimmerecke zu schicken, in der es weder Zuwendung, Futter, eine Schlafdecke und Spielsachen, noch ein interessantes Fenster zum Hinausschauen und Beobachten gibt. Stellt Ihr Mops also etwas Verbotenes an, bringen Sie ihn sofort (innerhalb von zwei Sekunden) nach einem (!) kurzen Befehl („Nein"; „Aus"; „Pfui" etc.) auf den vorher beschriebenen faden Platz. Hier bleibt Ihr Vierbeiner die nächsten zwei bis fünf Minuten. Anschließend holen Sie ihn wieder, jedoch ohne ihn zu begrüßen und ein Wort zu sagen. Die Sache ist nun erledigt und Sie gehen wieder zur Tagesordnung über. Beginnt Ihr Hund erneut mit Unfug, ermahnen Sie ihn einmal (!) mit demselben Befehl von vorhin („Nein", „Pfui", „Aus" etc.). Reicht dies noch nicht aus, um ihn von seinem Vorhaben abzubringen, muss er wieder in seine „Schämecke". Schon bald merkt Ihr Mops, dass sein Schabernack langfristig keinen Spaß macht. Bestimmte Angewohnheiten können Sie Ihrem Hund auch abgewöhnen, indem Sie ihm seine Macken einfach verleiden, oder seine Aufmerksamkeit auf etwas Erlaubtes umlenken.

Fazit Sparen Sie in der Hundeerziehung also nicht mit Lob und Belohnung. Strafen Sie dagegen nur wohldosiert und gut überlegt, denn das Vertrauen eines Vierbeiners ist durch unüberlegtes Handeln schneller zerstört, als es sich später wieder aufbauen lässt.

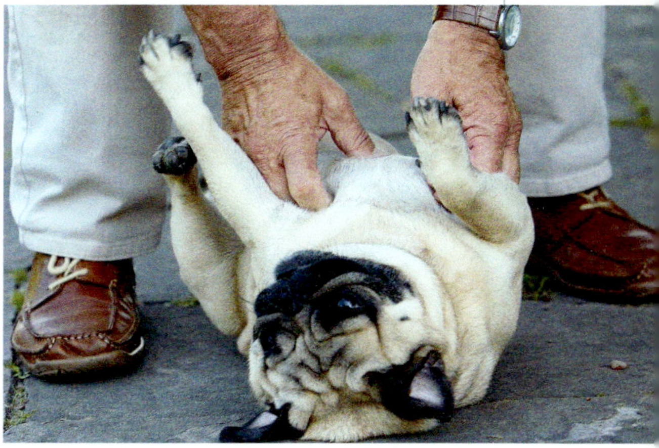

Beidseitiges Vertrauen ist wertvoll. Zerstören Sie dies nicht durch unüberlegtes Strafen.

Lassen Sie sich durch den treuherzigen Hundeblick nicht von Ihrem konsequenten Handeln abbringen.

Pflege

Gewisse Pflegemaßnahmen sind bei Hunden unerlässlich. Gewöhnen Sie daher am besten schon Ihren Welpen an die wichtigsten Handgriffe. Gehen Sie grundsätzlich bei allen Pflegemaßnahmen sanft und behutsam vor.

Welche Pflegemaßnahmen sind nötig und wie gewöhnt man einen Mops daran?

Pfotenabputzen und Stillhalten beim Bürsten müssen erst einmal gelernt werden. Führen Sie Ihren Welpen auch möglichst frühzeitig an die Augen-, Ohr-, Zahn- und Krallenkontrolle heran. Bleibt Ihr Hundekind bei der Pflege ruhig und gelassen, belohnen und loben Sie es ausgiebig. Wehrt sich dagegen Ihr junger Vierbeiner oder wird er albern, bringen Sie ihn mit einem bestimmten „Nein" zur Ruhe. Hält er wieder still, loben und belohnen Sie ihn sofort.

Fellpflege

Wildhunde und Wölfe pflegen auf ganz spezielle Weise ihr Fell: Sie nehmen Sand- und Schlammbäder, die gleichzeitig wie eine Massage wirken und die Talgdrüsen der Haut anregen. Durch ausgiebiges Lecken werden die Haare gereinigt, wobei der Speichel desinfizierend wirkt. Unsere Hunde verhalten sich ähnlich, allerdings entspricht diese Art der Fellpflege nicht unserem hygienischen Verständnis, sodass wir hier gerne nachhelfen.

Die Fellpflege des Mopses ist einfach und unkompliziert.

Untersuchen Sie Ihren Vierbeiner von Frühjahr bis Herbst täglich auf Zecken, denn diese könnten Ihren Hund mit Borreliose infizieren.

Schnell gewöhnt sich ein Mops an das Bürsten, denn bald merkt er, dass Fellpflege auch eine wohltuende Massage sein kann, die hervorragend die Durchblutung der Haut anregt. Bürsten Sie immer mit dem Strich, also in Haarwuchsrichtung von vorne nach hinten und untersuchen Sie Ihren Vierbeiner nebenbei gleich auf einen eventuellen Parasitenbefall oder Hautverletzungen. Aufgrund seines kurzen Fells muss ein Mops nur während des Fellwechsels oder zur Entfernung von Verschmutzungen mit einem Naturhaarstriegel oder einem Noppenhandschuh gebürstet werden.

Unterstützen Sie den halbjährlichen Haarwechsel zusätzlich von innen mit einer über das Futter gestreuten Kräutermischung aus Löwenzahn, Birkenblättern, Brennnesseln und

Ackerschachtelhalm. Spitzwegerich, Kerbel und Petersilie helfen aufgrund ihres hohen Vitamingehalts, das Immunsystem anzuregen. Entsprechende Fertigpräparate gibt es inzwischen im Fachhandel zu kaufen.

In der Regel reinigt sich das Fell eines Mopses von selbst.

Setzen Sie daher vor allem Welpen nur im Notfall in die Wanne, denn zu häufiges Baden zerstört die Schmutz abweisende und wetterfeste Schutzschicht des Felles. Verzichten Sie auf anschließendes Föhnen, denn das ungewohnte Geräusch, die Lautstärke und das warme Gebläse machen einem Hund leicht Angst. Rubbeln Sie den Vierbeiner nach dem Abspülen lieber gut mit einem Handtuch trocken und lassen Sie ihn an kalten Tagen wegen der Erkältungsgefahr nicht sofort nach draußen, sondern stellen Sie seinen Korb in die Nähe der wärmenden Heizung.

Typisch für den Mops ist übrigens ein fehlender Eigengeruch.

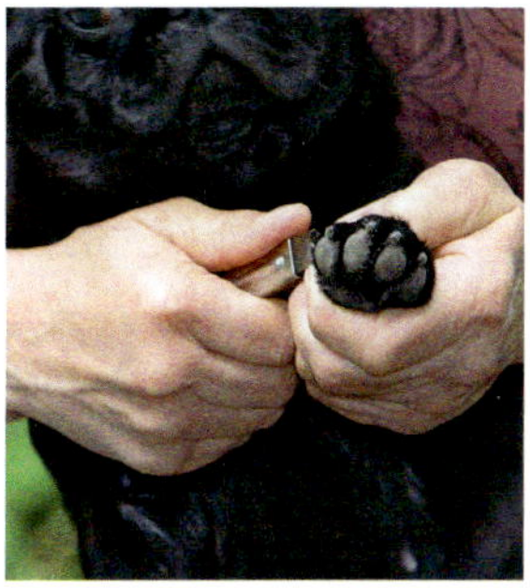

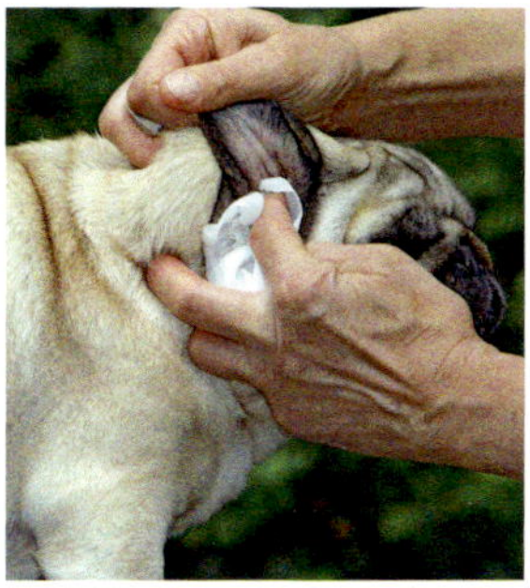

Links: Sie sollten Ihrem Mops die Krallen ab und an schneiden lassen, wenn sich diese nicht auf natürliche Weise abnutzen.

Rechts: Halten Sie das Hundeohr sauber, damit es nicht zu schmerzhaften Entzündungen durch Bakterien oder Pilze kommt.

Pfoten

Nützen sich die Krallen Ihres Mopses nicht auf natürliche Weise ab, müssen sie von Zeit zu Zeit geschnitten werden, damit sie nicht abbrechen. Führen Sie Ihren Welpen hier ganz langsam und in kleinen Schritten heran: nehmen Sie zunächst immer wieder abwechselnd eine seiner Pfoten auf und halten Sie diese kurz in der Hand. Fasst der Hund Ihr Vorgehen als lustiges Spiel auf oder will er seine Pfote wegziehen, korrigieren Sie ihn mit einem energischen „Nein". Bleibt er ruhig, loben Sie ihn ausgiebig. Zum Krallenschneiden verwenden Sie eine spezielle Zange aus dem Fachhandel. Achten Sie darauf, dass Sie keine Blutgefäße verletzen. Am besten lassen Sie sich die richtige Technik erst einmal von Ihrem Tierarzt zeigen.

Das Pfotenabputzen üben Sie ebenfalls durch das abwechselnde Aufnehmen der Pfoten. Möchte Ihr Junghund während des Abputzens in das Handtuch beißen, reagieren Sie erneut mit einem „Nein". Verhält er sich dagegen brav, winkt am Ende wieder eine Belohnung. Im Winter empfiehlt sich zusätzlich eine regelmäßige Ballenkontrolle, denn durch das viele Streusalz wird die Pfotenunterseite leicht trocken oder rissig. Abhilfe schaffen Einreibungen mit Hirschtalg, Melkfett oder Vaseline.

Augen, Ohren, Zähne

Das Heranführen an die Augenpflege bedarf besonderer Behutsamkeit. Streichen Sie Ihrem Welpen schon im Spiel oder während des Streichelns immer wieder kurz über die Augen. Später entfernen Sie Sekret oder Verkrustungen in den Augenwinkeln mit einem weichen, feuchten, sauberen Tuch. Im Zoofachhandel bekommen Sie hierfür spezielle Pflegetücher.

Kontrollieren Sie außerdem hin und wieder die Ohren Ihres Vierbeiners und achten Sie darauf, dass sich weder Krusten noch Fremdkörper oder unangenehme Parasiten darin befinden. Ein sauberes Hundeohr ist wichtig, damit es nicht zu schmerzhaften Entzündungen durch Bakterien oder Pilze kommt. Verwenden Sie für eine eventuell notwenige Säuberung des Gehörgangs keine Wattestäbchen, sondern nur spezielle Flüssigreiniger vom Tierarzt.

Eine regelmäßige Zahnkontrolle führen Sie am besten von klein auf bei Ihrem Mops durch. Harte Leckereien zwischendurch entfernen schädliche Beläge. Um Zähne und Zahnfleisch dauerhaft gesund zu erhalten, empfiehlt sich regelmäßiges Zähneputzen. Hierfür gibt es im Zoofachhandel oder bei Ihrem Tierarzt Hundezahnbürsten und -pasten. Aber auch zahnpflegende Kaustripes haben sich bewährt. Allerdings sind diese in Hundekreisen wohl Geschmacksache und nicht bei jedem Vierbeiner beliebt.

Auch an die regelmäßige Zahnkontrolle muss der Hund von Klein auf gewöhnt werden.

Weitere Pflege-Tipps

Auch regelmäßige Impfungen gegen Staupe, Hepatitis, Leptospirose, Parvovirose und Tollwut sowie Entwurmungen gehören zu den obligatorischen Pflegemaßnahmen bei einem Hund. Um einen Parasitenbefall zu vermeiden, ist außerdem ein sauberer Schlafplatz wichtig: Verwenden Sie nur Decken, Kissen oder Polster, die maschinenwaschbar sind. Untersuchen Sie Ihren Mops zudem von Frühjahr bis Herbst täglich auf Zecken, denn diese könnten Ihren Hund mit Borreliose infizieren. Spezielle Präparate schützen vor starkem Zeckenbefall. Lassen Sie sich bei der Wahl des richtigen Mittels von Ihrem Tierarzt beraten.

Schmuddelwetter-Tipps

An Schlechtwettertagen ist ein Handtuch unverzichtbar. Am besten legen Sie schon im Auto ein Tuch griffbereit, um Ihren Mops bereits vor dem Einsteigen gründlich abrubbeln zu können. Im Fahrzeug selbst hat es sich be-

Zahnwechsel bei Welpen

Zwischen dem vierten und fünften Lebensmonat beginnt der Zahnwechsel. Geben Sie Ihrem Vierbeiner in dieser Zeit genügend Kaumaterial wie Büffelhautknochen und Spielzeug aus Hartgummi oder Hartholz. Gegen eventuell auftretende Schmerzen helfen, wie bei Babys, das zuckerfreie Dentinox-Gel aus Kamillenblüten oder das homöopathische Kombi-Präparat Osanit. Fällt ein Milchzahn auch nach längerer Zeit nicht von selbst aus, obwohl schon der neue Zahn sichtbar ist, lassen Sie den alten vom Tierarzt ziehen, um Gebissfehlstellungen zu vermeiden.

währt, den Hundeplatz mit einer waschbaren Decke oder einer Gummischmutzfangmatte auszustatten: Beide Teile sind leicht separat zu reinigen, ohne dass Sie gleich das ganze Auto unter Wasser setzen müssen. Ebenfalls möglich ist die Unterbringung des nassen Hundes in einer mit saugfähigen Tüchern ausgelegten Transportbox, denn auch diese ist einfach zu säubern und begrenzt den Schmutzeintrag auf eine kleine Fläche.

Legen Sie ein weiteres Handtuch vor die Haustür, mit dem Sie Ihren Mops bereits vor der Wohnung gründlich abrubbeln können. So bleibt der größte Dreck auf jeden Fall draußen.

Kann Ihr haariger Kamerad jederzeit zwischen Haus und Garten frei pendeln, empfiehlt sich ein feuchtes oder gut saugendes Tuch auf dem Boden des Verbindungsbereiches. Läuft Ihr Hund nun in die Wohnung, tritt er sich schon ganz automatisch die Pfoten auf seinem „Eingangsteppich" ab.

Gerade in der Schmuddelwetterzeit ist es sehr vorteilhaft, wenn Ihr Vierbeiner auf Kommando seinen Platz aufsucht und dort so lange bleibt, bis Sie den Befehl wieder aufheben. Ist Ihr bellender Freund also noch nicht ganz trocken, können Sie ihn sofort nach der Rückkehr vom Spaziergang in sein Körbchen schicken, ehe er überhaupt die Gelegenheit hatte, den Dreck im ganzen Haus zu verteilen. Für einen noch feuchten Vierbeiner ist ein Hundeplatz an der wärmenden Heizung angebracht. Beachten Sie außerdem unbedingt: Zugluft ist für einen nassen Hund Gift.

Mit etwas Geduld und Geschick des Hundeführers lernen besonders eifrige Vierbeiner auch, sich bereits vor dem Haus auf Befehl zu schütteln oder auf dem Fußabstreifer die Pfoten abzuputzen. Gewöhnen Sie Ihrem Vierbeiner außerdem von vornherein ab, Sie oder andere Menschen anzuspringen, Besucher mit hellen Hosen werden nicht wirklich

Die wichtigsten Pflegeutensilien

- ✓ Striegel oder Noppenhandschuh
- ✓ Flüssiger Ohrreiniger vom Tierarzt
- ✓ Reinigungstücher für die Augen
- ✓ Hundezahnbürste und -pasta bzw. Kaustripes zur Zahnpflege
- ✓ Krallenschere
- ✓ Vaseline, Hirschtalg oder Melkfett zur Ballenpflege
- ✓ Zeckenzange

Säubern Sie Ihren Hund nach dem Gassigehen noch vor der Haustüre. So bleibt Ihnen der größte Schmutz in der Wohnung erspart.

Schicken Sie Ihren Mops ohne Umwege ins Körbchen, wenn er nach der Rückkehr vom Spaziergang noch nicht ganz trocken ist.

von einer stürmischen Begrüßung Ihres nassen Mopses begeistert sein.
Für Sie als begleitender Zweibeiner ist ein extra Schlechtwetter-Dress ratsam, das heißt: Tragen Sie lieber ältere, zweckdienliche Kleidung. Auch eine Regenhose ist praktisch – sie schützt Ihre Hosen vor Nässe und Schmutz. Gummistiefel dürfen in keinem Hundehaushalt fehlen, so bleiben gute Halbschuhe an Schlechtwettertagen trocken.

Wellness für den Mops

Wellness macht Spaß, und zwar nicht nur uns Menschen. Auch Ihrem Mops können Sie mit entsprechenden Maßnahmen etwas Gutes tun. Er wird es genießen, sich einmal so richtig von Ihnen verwöhnen zu lassen.

Bachblüten und Homöopathie

Bestimmte Bachblüten und homöopathische Mittel verhelfen Ihrem Hund zu neuen Kräften. So wirken beispielsweise die Blüten Centaury, Chicory, Clematis und Crap Apple entschlackend und reinigend. Crap Apple hat außerdem eine ausgleichende Wirkung auf den Stoffwechsel und das Immunsystem. Centaury erfrischt und vitalisiert. Olive stellt das innere Gleichgewicht bei Erschöpfung wieder her, Agrimony stärkt und schützt vor Überbelastung. Die Abwehrkräfte Ihres Mopses werden mit Echinacea-Globuli gestärkt. China und Ignatia haben sich bei Erschöpfungszuständen und Stress bewährt. Gegen Muskelkater und Überanstrengung eignen sich Arnica und Traumeel. Bei Verspannungen kann Magnesium phosphoricum helfen.
Inzwischen gibt es schon fertige Bachblütenmischungen oder homöopathische Präparate im Zoofachhandel zu kaufen. Möchten Sie jedoch tiefer in die Materie einsteigen, lassen Sie sich von einem erfahrenen Therapeuten beraten.

Mit Massage, Akupressur und TTouch® entspannen

Eine wohltuende Massage darf in keinem Verwöhnprogramm fehlen. Sie erfolgt am besten in Bauch- oder Seitenlage des Hundes.

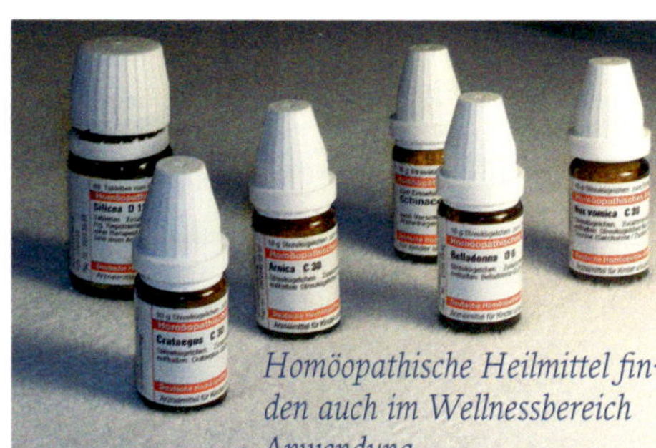

Homöopathische Heilmittel finden auch im Wellnessbereich Anwendung.

Dabei können Sie in einfachen, geraden Linien streicheln oder in Wellen. Auch ein Kreisen Ihrer Hand wirkt entspannend. Führen Sie anschließend mit Ihren Fingerkuppen leichte, kreisförmige Bewegungen aus. Variieren Sie zusätzlich den Druck. Massieren Sie jedoch nicht zu kräftig, Ihr Hund soll sich schließlich wohlfühlen und keine Schmerzen haben. Bearbeiten Sie besonders belastete Partien wie die Beinmuskulatur extra mit den Fingerkuppen. Lockernd wirkt leichtes Kneten und Rollen von Haut und Muskeln. Streichen Sie am Ende einer Massage immer den ganzen Körper des Hundes noch einmal sanft aus. Eine Massage sollte nicht länger als 15 bis 20 Minuten dauern. Gewöhnen Sie Ihren Mops erst langsam an diese Zeitspanne. Massieren Sie nie, wenn Ihr Vierbeiner eine Infektion hat oder gerade gefressen hat.

Die Akupressur ist eine Abwandlung der Akupunktur. Hier wird ohne Nadeln, nur mit der Berührung und dem Druck der Finger gearbeitet. Dies hat neben dem körperlichen Aspekt auch eine sehr positive, entspannende Wirkung auf die Psyche des Hundes.

Die TTouch®-Methode hingegen besteht aus unterschiedlichen Bewegungen und Handpositionen, die im Uhrzeigersinn auf der Haut des Hundes in verschiedenen Druckstärken ausgeführt werden. Vor allem bei seelischen Störungen sowie zur allgemeinen Beruhigung, zum Stressabbau und Wiederherstellung des Vertrauens hat sich der TTouch® bewährt. Auch zur Schmerzlinderung wird sie erfolgreich eingesetzt. Etliche Hundeschulen bieten inzwischen TTouch®-Seminare an.

Aroma-, Farb- und Musiktherapie für neues Wohlbefinden

Die Aromatherapie fördert die seelische Ausgeglichenheit, aktiviert den Kreislauf und stärkt die Abwehrkräfte. Sie erfrischt und verhilft zu neuer Energie, allerdings muss sie bei der

Wellness macht Spaß – auch Ihrem Mops. Mit entsprechenden Maßnahmen können Sie ihm etwas Gutes tun.

Möpse sind Genießer. Sie lassen sich gerne mit einer wohltuenden Massage verwöhnen.

Studien belegen, dass Barockmusik eine sehr entspannende Wirkung auf Hunde hat, aber auch Ihre Meditationsmusik kann helfen.

grundsätzlich feinen Hundenase sehr schonend angewendet werden. Die ätherischen Öle kommen wohl dosiert (2 bis 3 Tropfen) und nur, wenn es Ihrem Vierbeiner auch wirklich behagt entweder in einer Duftlampe, einem Kräutersäckchen, einem speziellen Hundehalstuch oder direkt auf dem Liegeplatz Ihres Hundes zum Einsatz. Da ein Hund sehr empfindliche Schleimhäute hat, dürfen Sie die Öle nie direkt auf ihn träufeln. Stärkend, aufbauend und reinigend für den gesamten Organismus wirken Lavendel, Orange, Zitrone, Geranium, Grapefruit und Muskatellersalbei. Mandarine und Melisse beruhigen und entspannen. Mimose baut zusätzlich seelisch auf. Zimt und Vanille wird eine ausgleichende, beruhigende und entspannende Wirkung nachgesagt. Neroli-Öl harmonisiert.

Hunde sprechen wie Menschen auch sehr gut auf farbiges Licht an. Rot hat sich besonders bei Erschöpfungszuständen und Appetitlosigkeit bewährt. Orange kommt hingegen bei Immunschwäche zum Einsatz. Gelb hilft bei schwachen Nerven und Schockzuständen. Grün wirkt ausgleichend und Blau beruhigend. Violett wird bei Nervosität, Ängstlichkeit, Hysterie und zur Verarbeitung von Traumata eingesetzt.

Auch Musik entspannt Ihren Mops. Diverse Studien haben ergeben, dass gerade langsame Barockmusik eine sehr beruhigende Wirkung auf Vierbeiner hat. Genauso gut geeignet ist Herrchens Meditations-CD. Wer musikalisch jedoch auf Nummer Sicher gehen will, kann inzwischen im Fachhandel spezielle Musik für Hunde erwerben.

Wellness vom Profi

Inzwischen bieten viele Hundephysiotherapeuten auch Wohlfühlbehandlungen für Hunde an. Dabei werden häufig verschiedene Techniken miteinander kombiniert. So erhält die Massage Ihres Vierbeiners gleichzeitig eine Untermalung mit angenehmen Düften und entspannender Musik. Beruhigendes Licht darf dabei selbstverständlich ebenfalls nicht fehlen. Neben der herkömmlichen Massage gehören häufig auch Fuß- oder Ohrreflexzonenmassagen zum Behandlungsspektrum. Einige Therapeuten verfügen sogar über eigene Hundeschwimmbäder. Manche Praxen bieten Kurse in Massage, Akupressur und TTouch® für den Eigengebrauch an. Außerdem finden Sie im Fachhandel interessante Bücher zum Thema.

Wer die Kosten nicht scheut, kann sich auch zusammen mit seinem Hund in speziellen Wellness-Hotels verwöhnen lassen.

Ernährung

Da Schönheit bekanntlich von innen kommt, ist eine ausgewogene Ernährung besonders wichtig, um die kraftvolle Erscheinung des Mopses zu unterstreichen.

Belohnen Sie Ihren Mops doch mal mit vitaminreichen, figurfreundlichen Leckereien wie Apfelstückchen.

Zum Wohlfühlprogramm Ihres Mopses und seiner Gesunderhaltung gehört auch eine ausgewogene Ernährung. Füttern Sie nur hochwertiges Futter, das dem Alter, Gesundheitszustand und der Auslastung Ihres Vierbeiners angepasst ist. Auch Welpen brauchen eine andere Ernährung als erwachsene Hunde, schließlich sind sie noch in der Entwicklung. Der Fachhandel hält inzwischen für alle Altersklassen und Bedürfnisse spezielles Hundefutter parat. Mit einem qualitativ hochwertigen Fertigfutter gehen Sie also in jedem Fall auf Nummer sicher: Ihr Mops wird optimal mit allen wichtigen Nährstoffen versorgt. Trotzdem kommt es immer wieder vor, dass ein Hund das handelsübliche Futter nicht verträgt. In diesem Fall müssen Sie selbst zum Kochlöffel greifen.

Tipp!

Für alle Hundefutter-Hobbyköche gibt es im Buch- und Zoofachhandel eine breite Palette an Ratgebern zum Thema „Hundeernährung". Wenn Sie für Ihren Mops kochen, ist ein umfassendes Informieren unerlässlich, damit Ihr Vierbeiner durch einen ausgewogenen Speiseplan wirklich optimal mit allen wichtigen Nährstoffen versorgt wird und es nicht zu Mangelerscheinungen kommt.

Dies ist nicht ganz einfach, denn die richtige Zusammensetzung einer ausgewogenen Ernährung ist fast schon eine Wissenschaft für sich. Auch das „Barfen" (= biologisch artgerechte Rohfütterung) ist möglich; aber auch hier ist eine umfassende Information vorab durch einen Tierarzt oder entsprechende Fachliteratur wichtig.

Fleisch und Ballaststoffe in Form von Reis oder Hundeflocken bilden die Basis einer ausgewogenen Hundeernährung. Achten Sie zusätzlich auf eine ausreichende Vitamin- und Mineralstoffversorgung. Diese geschieht am besten in Form von natürlichen Zusätzen wie frischem, unbehandelten Obst, Gemüse, Kräutern, Hüttenkäse oder Naturjoghurt. Bei Obst eignen sich Äpfel sehr gut. Sie sind reich an Vitaminen und Mineralien und wirken durch die enthaltenen Pektine entgiftend. Gemüse ist nicht nur gesund, es fördert mit seinen Ballaststoffen auch die Verdauung. Außerdem beeinflusst es positiv den Säure-Base-Haushalt des Hundes. Ideal sind Möhren; sie enthalten viel Karotin, die Vorstufe von Vitamin A, außerdem Mineralstoffe und Spurenelemente. Geben Sie zusätzlich immer etwas Öl. Dies hilft bei der Verwertung des fettlöslichen Vitamin A. Gekochter Broccoli ist ebenfalls sehr gesund. Er wirkt krebsvorbeugend und entgiftend. Spinat, Erbsen, grüne Bohnen und Tomaten runden einen ausgewogenen Speiseplan ab. Kräuter wie Brennnesseln, Basilikum, Petersilie, Löwenzahn und Dill sind nicht nur reich an wichtigen Vitaminen, Mineralien und Spurenelementen, sie haben auch eine heilende Wirkung bei verschiedenen Krankheiten (Beispiele siehe in Kapitel „Gesundheit", „Vorsorge"). In Zeiten extremer Anforderung oder erhöhter Krankheitsanfälligkeit ist eventuell ein zusätzliches Vitaminpräparat nötig. Halten Sie sich hier allerdings genau an die vom Tierarzt oder in der Packungsbeilage angegebene Dosierung, denn selbst Vitamine können überdosiert schaden.

Selbst gebackene Hundeleckerli

Fischstäbchen

Sie brauchen dafür folgende Zutaten:

1 Dose Thunfisch (im eigenen Saft)
6 EL Haferflocken
2 Eier
2 EL Semmelbrösel
2 EL gehackte
Petersilie

Gießen Sie den Saft des Thunfisches ab. Vermischen Sie dann alle Zutaten zu einem homogenen Teig. Formen Sie nun kleine „Stäbchen" und legen Sie diese auf ein mit Backpapier ausgelegtes Backblech. Die Fischstäbchen werden im vorgeheizten Backofen bei 175 °C (mittlere Schiene) ca. 30 Minuten gebacken. Anschließend im Ofen abkühlen lassen. Die Fischstäbchen halten, in einer Frischhaltedose im Kühlschrank aufbewahrt, ca. 2–3 Wochen.
Geben Sie Ihrem Mops täglich nicht mehr als zwei bis drei dieser Leckerlis, denn sie sind sehr gehaltvoll.

Warnung vor Schokolade

Schokolade enthält Theobromin, das für Hund und Katze lebensgefährlich sein kann. Ein paar Riegel dunkle Schokolade können einen kleineren Hund töten.

Schönheit kommt von innen

Der Speiseplan Ihres Hundes ist auch für ein glänzendes Fell und eine gesunde Haut verantwortlich, schließlich kommt Schönheit bekanntlich von Innen. Eine große Rolle spielen dabei die Vitamine A und E sowie Zink, außerdem essentielle Fettsäuren wie Omega-3 und Omega-6. Um einem Mangel vorzubeugen, der sich in stumpfem Fell, Schuppen, Haarausfall, Juckreiz, fettiger Haut und Infektanfälligkeit äußert, geben Sie ab und zu einen Löffel Maiskeim-, Sonnenblumen-, Distel- oder Pflanzenöl über das Futter. Hochwertiges Eiweiß ist ebenfalls unverzichtbar, allerdings reagieren manche Hunde allergisch auf rohes Eiweiß. Auch Hefe und Biotin verhelfen zu einer gesunden Haut und glänzendem Fell. Ab und zu ein rohes, frisches Eigelb ist ebenfalls gut für Haut und Haare, denn es enthält viele Spurenelemente und Vitamine. Die zerriebene Eierschale versorgt Ihren Vierbeiner dagegen mit natürlichem Calcium.
Hat Ihr Mops ein wenig zugelegt, bauen Sie die überschüssigen Pfunde lieber mit einem ausgewogenen, aber kalorienarmen Diätfutter als mit einer Kürzung der normalen Futtermenge ab.
Achten Sie stets auf saubere Hundenäpfe und täglich frisches Wasser.

Nach dem Fressen soll ein Hund ruhen, ansonsten droht eine lebensgefährliche Magendrehung.

EXTRA

Elf goldene Futterregeln

Die Menge macht's

Ein Hund weiß nicht von selbst, wie viel Futter er braucht. Hier gibt es große individuelle Unterschiede: Einige Möpse sind schier unersättlich, andere muss man fast erst bitten, überhaupt etwas zu fressen. Bieten Sie ihm daher auf keinen Fall unbegrenzt Futter an.

Bei Fertignahrung richten Sie sich am besten nach den Mengenangaben auf der Futterpackung. Überprüfen Sie aber auch an Ihrem Hund, ob diese Menge angemessen ist, denn häufig wird zu viel empfohlen. Kochen Sie selbst, fragen Sie Ihren Tierarzt nach der richtigen Portionsgröße für Ihren Hund. Heikle Tiere werden zum besseren Fressen animiert, wenn ihnen das Futter nur eine begrenzte Zeit (ca. 10–15 Min.) zur Verfügung steht.

Feste Zeiten einhalten

Um den Stoffwechsel des Hundes nicht unnötig durcheinanderzubringen, sind feste Fütterungszeiten wichtig. Füttern Sie daher also nicht wahllos, wenn Sie gerade Zeit haben. Ein ausgewachsener Mops sollte zweimal täglich seine Mahlzeit bekommen.

Vorsicht mit Kaltem

Gerade im Sommer ist es wichtig, frisches Hundefutter im Kühlschrank aufzubewahren, damit es nicht verdirbt. Verfüttern Sie es allerdings nur zimmerwarm. Zu kaltes Futter kann Verdauungsprobleme hervorrufen; außerdem entfaltet Frisch- und Nassfutter seinen vollen Geschmack erst bei Zimmertemperatur. Muss es doch einmal schnell gehen, erwärmen Sie das Fressen kurz im Kochtopf, Wasserbad oder in der Mikrowelle.

Abwechslung ist Trumpf

Auch unsere Hunde sind Feinschmecker und lieben Abwechslung; die große Auswahl an Fertigfutter macht es Ihnen hier leicht. Bereichern Sie den Speiseplan zusätzlich hin und wieder mit Äpfeln, Karotten, Quark, Hüttenkäse, Nudeln, Reis oder Kräutern. Beachten Sie bei der Fütterung auch das Alter, den Gesundheitszustand und die Auslastung Ihres Mopses. Inzwischen gibt es für alle Ansprüche speziell zusammengesetzte Nahrung.

Langsame Futterumstellung

Führen Sie Futterumstellungen nur langsam und schrittweise durch, damit sich der Verdauungstrakt Ihres Hundes an die neue Nahrung gewöhnen kann.

Es muss nicht immer Fleisch sein

Wölfe nehmen mit dem Darminhalt ihrer Beutetiere immer auch wichtige pflanzliche Nahrung auf. Daher ist es falsch, anzunehmen, Hunde seien reine Fleischfresser. Für eine ausgewogene Ernährung benötigen sie einen gewissen Anteil an pflanzlicher Nahrung; in Fertigfutter wurde dies bereits bei der Zusammensetzung berücksichtigt. Kochen Sie selbst, mischen Sie das Fleisch am besten mit Nudeln, Reis, Gemüse oder speziellen Hundeflocken.

Betteln ist tabu

Fallen Sie nicht auf den treuen Blick Ihres Vierbeiners rein, Sie tun ihm damit nichts Gutes. Erstens erziehen Sie ihn so erst zum Betteln und zweitens bekommt Ihr Hund auf diese Weise auch schnell mal etwas Süßes, das sehr schädlich für ihn ist. Belohnen Sie ihn nur mit speziellen Hundeleckerlis.

Keine Reste vom Tisch

Füttern Sie Ihren Mops nie mit Resten Ihrer eigenen Mahlzeit. Ihr Hund darf hier auf keinen Fall vermenschlicht werden, denn er hat ganz andere Ernährungsansprüche als Sie. Unsere stark gewürzten Speisen führen bei Vierbeinern schnell zu schweren Gesundheitsstörungen. Füttern Sie nur spezielles und ausgewogenes Hundefutter.

Finger weg von Milch

Milch ist auch bei Hunden beliebt. Viele Tiere bekommen davon jedoch Verdauungsstörungen. Daher gilt: Keine Milch, sondern täglich frisches Wasser als Getränk anbieten.

Kein rohes Schweinefleisch

Füttern Sie kein rohes Schweinefleisch, denn dadurch kann sich Ihr Hund mit der lebensbedrohlichen Aujeszkyschen Krankheit infizieren. Die Symptome sind ähnlich wie bei der Tollwut, daher wird die Krankheit auch „Pseudowut“ genannt. Schweinefleisch darf nur gut durchgekocht verfüttert werden; rohes Rindfleisch ist dagegen unbedenklich.

Nach dem Essen sollst du ruhen

Füttern Sie Ihren Mops immer erst nach einem Spaziergang. Rennen und Toben mit vollem Magen ist tabu: schnell kommt es zu Verdauungsstörungen bis hin zur lebensgefährlichen Magendrehung.

Bereit für den großen Auftritt ...

Ausstellungen

Für alle Rassehundefreunde sind Hundeausstellungen eine besonders interessante Plattform. Hier können Sie sich bereits vor dem Kauf eines Vierbeiners genau über eine bestimmte Rasse informieren, denn Sie sehen nicht nur etliche Vertreter live, sondern haben auch die Möglichkeit, mit Haltern und Zuchtvereinen in Kontakt zu treten und auf diese Weise Erfahrungsberichte aus erster Hand zu bekommen. Bei den Ausstellungen selbst geht es um die genaue Überprüfung und Bewertung der Hunde hinsichtlich des vorgeschriebenen Rassestandards und der durch den betreuenden Verein festgelegten Zuchtkriterien. Für einige Hundehalter ist die Teilnahme an einer Ausstellung reiner Spaß. Sie möchten solch eine Veranstaltung einfach einmal mitmachen, um nur interessehalber zu hören, wie Ihr Vierbeiner vor einem professionellen Richter abschneidet. Vielleicht hat sie sogar der Züchter ihres Hundes dazu überredet, schließlich ist es für den Züchter selbst wichtig und interessant zu sehen, wo sein Nachwuchs und somit auch seine Zuchtlinie steht. Die meisten Aussteller sind bereits in das Zuchtgeschehen involviert, denn die erfolgreiche Teilnahme an Hundeausstellungen ist Voraussetzung für eine Zuchtzulassung: Es sind langjährige und zukünftige Züchter, aber auch Deckrüdenbesitzer, die ihre Vierbeiner über die Teilnahme an Ausstellungen bekannter machen möchten.

Gelassene, nervenstarke Hunde, die nichts so schnell aus der Ruhe bringt, tun sich auf Ausstellungen leichter. Sie lassen sich durch die Menschen- und Hundeansammlungen nicht stressen.

Auf einer Hundeausstellung herrscht eine ganz besondere Atmosphäre. Das Sehen und Gesehenwerden steht in jedem Fall im Vordergrund. Die Einteilung der Hunde erfolgt in verschiedene Klassen, getrennt nach Ge-

Dieser Mopsrüde war bereits erfolgreich.

schlechtern. Bei der abschließenden Bewertung werden bestimmte Formwertnoten vergeben (siehe Kasten Seite 82).

Dabeisein ist alles

Wollen Sie auch einmal mit Ihrem Mops im Ring stehen, sei es aus reinem Vergnügen oder weil sie mit ihm züchten möchten, ist ein gutes Sozialverhalten Ihres Hundes natürlich Pflicht, schließlich wird er zunächst in einer Gruppe mit anderen Möpsen vorgeführt. Außerdem ist eine ordentliche Leinenführigkeit schon die halbe Miete einer gelungenen Präsentation. Bei der anschließenden Einzelbewertung erfolgt die genaue Begutachtung Ihres Hundes durch den Richter: dieser prüft neben dem Gangwerk das Stockmaß, die genauen Proportionen, Besonderheiten des Standards und die Zähne. Dieses Beurteilungsritual sollten Sie schon vorab üben, damit sich Ihr Mops auch von fremden Menschen ins Maul sehen und natürlich überhaupt berühren lässt. Der Umgang und das korrekte Vorführen des Hundes fließen in die Bewertung mit ein. So erkennen die Richter genau, wer mit seinem Vierbeiner das optimale Präsentieren trainiert hat.

Nicht selten wird ein Ausstellungsneuling darauf hingewiesen, dass seine Führfehler der

Bitte beachten Sie ...

Kranke Vierbeiner sind von FCI-Zuchtschauen ausgeschlossen. Vor der Ausstellung müssen Sie die FCI-Ahnentafel und den Impfpass mit einer gültigen Tollwutimpfung Ihres Mopses vorlegen.

Grund für eine schlechtere Bewertung des Hundes sind, im Vierbeiner jedoch mehr Potenzial steckt. Eine gute und umfassende Vorbereitung für eine Zuchtschau bekommen Sie durch ein professionelles Ringtraining, das von manchen Hundevereinen oder auch Züchtern angeboten wird. Für die Teilnahme an einer Zuchtschau sollten Sie sich aber nicht nur im Vorfeld Zeit nehmen, auch die Ausstellung selbst dauert meist einen ganzen Tag, wobei Sie die meiste Zeit sicherlich mit Warten verbringen. Wie die Hunde selbst das

Üben Sie das korrekte Vorführen schon vor einer Ausstellung. Die Richter erkennen auf den ersten Blick, wer mit seinem vierbeinigen Ausstellungspartner das optimale Präsentieren trainiert hat.

So funktioniert's

Rassen- und Klasseneinteilung

Der Mops wurde von der FCI (Fédération Cynologique Internationale) in die Gruppe 9 „Gesellschafts- und Begleithunde", Sektion 11 „Kleine Doggenartige Hunde (ohne Arbeitsprüfung)" eingeteilt. Als Startklassen gibt es:

- *Jüngstenklasse (6–9 Monate)*
- *Jugendklasse (9–18 Monate)*
- *Zwischenklasse (15–24 Monate)*
- *Offene Klasse (ab 15 Monate)*
- *Veteranenklasse (ab 8 Jahre)*
- *Gebrauchshundklasse (ab 15 Monate mit Arbeitsprüfung)*
- *Championklasse (ab 15 Monate für Champions und Gewinner bestimmter Titel)*
- *Ehrenklasse (startberechtigt nur mit dem FCI-Titel „Internationaler Schönheitschampion")*

Formwertnoten

- *Vorzüglich (V)*
- *Sehr gut (SG)*
- *Gut (G)*
- *Genügend (Ggd)*
- *Disqualifiziert (Disq)*

Die vier besten Hunde einer Klasse werden platziert, sofern sie mindestens die Formwertnote „Sehr gut" erhalten haben.

Beurteilungen in der Jüngstenklasse

vielversprechend (vv)
versprechend (v)
wenig versprechend (wv)

Schon die Jüngsten dürfen bei einer Ausstellung starten.

Weitere Wettbewerbe

Zuchtgruppe *Sie besteht aus mindestens drei Hunden einer Rasse aus demselben Zwinger; die Hunde müssen am Tag der Ausstellung in der Einzelbewertung mindestens den Formwert „Gut" bekommen haben.*

Paarklasse *Sie besteht aus jeweils einem Rüden und einer Hündin, die Eigentum eines Ausstellers sein müssen.*

Juniorhandling *Dies ist ein Vorführwettbewerb für Jugendliche, der als Vorbereitung gedacht ist, Hunde auch später im Ausstellungsring zu präsentieren.*

Veteranen-Wettbewerb *Hier können Hunde ab dem 8. Lebensjahr starten; es wird nach den Vorgaben des Standards besonders die Gesamtkonstitution, der Pflegezustand des Vierbeiners sowie die im Ring gezeigte Kondition beurteilt.*

Ausstellungsgeschehen aufnehmen, ist unterschiedlich. Einige Vertreter scheinen sichtlich Spaß am Präsentieren und Posieren zu haben. Bei anderen Gespannen ist der Spaß am Gesehenwerden eher auf den Zweibeiner begrenzt, der Vierbeiner hingegen würde den Tag sicherlich lieber tobend im Freien verbringen. Eine gewisse Nervenstärke muss ein Mops für eine Ausstellung in jedem Fall mitbringen, damit ihn die Menschen- und Hundeansammlung auf engstem Raum nicht unnötig stressen.

Begleiter in Freizeit und Alltag

Ein abgetrenntes Jeansbein, ein ausrangiertes T-Shirt, ein ausgedienter Strumpf oder ein altes Handtuch sind, allesamt mit einem großen Knoten versehen, lustige Schleuderspielzeuge.

Für ein soziales Tier wie einen Hund gibt es nichts Schöneres, als seine Leute so oft wie möglich zu begleiten.
Ein gewisser Grundgehorsam, und eine gute Sozialisation des Vierbeiners sind allerdings die Voraussetzung für entspannte Freizeitaktivitäten und einen abwechslungsreichen Alltag zu zweit.

Hundesport

Die Begeisterung für Hundesport ist bei der Möpsen Typsache. Haben Sie jedoch eine vierbeinige Sportskanone zuhause, können Sie Ihr bellendes Temperamentsbündel gut auf einem Hundeplatz fordern. Die dortige intensive Beschäftigung mit Ihrem Mops wird Sie beide schnell zu einem unzertrennlichen Dream-Team zusammenschweißen. Im Fol-

Temperamentvolle Möpse finden durchaus Spaß an Agility – wenn auch nicht als Leistungssport.

genden stellen wir Ihnen einige Sportarten vor, die für agile Möpse geeignet sind.

Agility

Agility ist mehr als nur ein schneller Sport. Agility festigt und vertieft die Beziehung zwischen Zwei- und Vierbeinern. Laut FCI-Reglement erfolgt eine Einteilung in drei verschiedene Startklassen je nach Größe des Hundes. Ein professioneller Parcours besteht aus 15 bis 20 Hindernissen und hat eine Länge zwischen 100 und 200 m. Bei einem Turnier sollten mindestens sieben Hochsprung-Hürden vorhanden sein. Zum Standard gehören zehn Geräte, der Richter stellt davon mindestens sieben. Zudem müssen mindestens zwei Richtungswechsel im Parcours enthalten sein. Die Bewertung erfolgt am Ende je nach Zeit, eventuellem Abwurf oder Verweigerung. Schnelligkeit und Präzision sind hierbei sehr wichtig. Daher ist ein optimales Zusammenspiel zwischen Mensch und Hund unerlässlich.

Turnierhundesport

Der THS bietet für jeden etwas, denn hier gibt es auch je nach Alter des Hundeführers unterschiedliche Startklassen. Mensch und Hund bilden als gleichgestellte Partner ein Team. In die Endnote fließen also nicht nur die Leistungen des Vierbeiners, sondern auch die des Zweibeiners mit ein. Innerhalb des Turnierhundesports gibt es verschiedene, abwechslungsreiche Wettbewerbsformen wie Hindernislauf-Turniere, Vierkampf (Gehor-

Begleithundeprüfung (BH)

Voraussetzung für die Ausübung einiger Sportarten (z.B. Agility, Fährtenhund) ist eine bestandenen Begleithundeprüfung. Das Mindestalter der wedelnden Prüflinge liegt bei 15 Monaten. Der Vierbeiner muss auf dem Hundeplatz verschiedene Unterordnungsübungen absolvieren; außerdem gilt es außerhalb des Platzes einen Verkehrsteil zu bestehen, der das sichere und freundliche Verhalten des Hundes gegenüber anderen Verkehrsteilnehmern und Artgenossen überprüft. Für den Hundeführer gibt es zuvor noch eine theoretische Prüfung.

Haben Sie eine vierbeinige Sportskanone zuhause, können Sie Ihr bellendes Energiebündel gut auf einem Hundeplatz fordern.

sam, Hürden-, Slalom und Hindernislauf), Geländelauf (2000 m/5000 m), *Combination Speed Cup* („CSC"; Mannschaftswettkampf, in dem drei Mannschaftsmitglieder in einem in drei Sektionen eingeteilten Parcours als Staffel laufen), *Shorty* (Kurz-Bahn-„CSC" für Zweier-Mannschaften mit zwei Geräte-Sektionen) und Qualifikations-Speed-Cup („QSC"; Wettkampf nach dem K.-o.-System auf zwei baugleichen Parcours).

Trickdogging

Kurse oder -Workshops in Trickdogging kommen in Hundeschulen immer mehr in Mode. Dabei werden Gehorsamkeitsübungen mit Spaßlektionen verbunden. Die vierbeinigen Schüler lernen kleine Kunststückchen und Spiele, die der Hundeführer auf Spaziergängen oder bei schlechtem Wetter im Haus ganz einfach „abfragen" kann. Hier ist also Kopfarbeit gefragt, die dem Mops aufgrund seiner

Die beim Trickdogging gelernten Kunststückchen und Spiele lassen sich wunderbar zwischendurch zu Hause oder auf dem Spaziergang einbauen.

So mancher Mops betätigt sich für Leckerlis gerne als Hürdenspringer.

Intelligenz sehr liegt. Im Mittelpunkt steht immer der Spaß und nicht die perfekte Leistung. Die Palette der Übungen ist groß: winken, verbeugen, „give me five", das schnurlose Telefon bringen oder ein Taschentuch aus der Hose ziehen sind nur einige wenige Beispiele. Da dieses Training individuell auf jeden einzelnen Vierbeiner zugeschnitten werden kann, ist es auch gut für ältere Möpse, Hunde mit Handicap oder ängstliche Hunde geeignet.

Dogdancing

Dogdancing ist eine Sportart, die den Hund körperlich, aber auch und vor allem geistig fordert. Der Hundeführer entwickelt zusammen mit seinem vierbeinigen „Tanzpartner" eine Choreographie, die auf einer perfekten Fußarbeit basieren soll. Zusätzlich führt der Hund diverse Tricks vor. Die gesamte Darbietung muss möglichst synchron zu einer begleitenden Musik ausgeführt werden. Bei der Zusammenstellung einer Dogdancing-Choreographie sind viel Kreativität und Fantasie gefragt. Für die Einstudierung sind Geduld, Humor und eine gute Motivation des Hundes nötig. Eine Vorführung, die nicht nur paar-

Für die Zusammenstellung einer Dogdancing-Choreographie brauchen Sie viel Kreativität und Fantasie. Ebenfalls wichtig sind Geduld, Humor und eine gute Motivation des Hundes.

Sie brauchen auch bei einer Fahrradtour nicht auf ein Zusammensein mit Ihrem Mops verzichten, wenn Ihr Hund in einem speziellen Fahrradkorb Platz nehmen und die Aussicht genießen darf.

weise, sondern auch in Gruppen-Formationen geschehen kann, soll freudig und voller Harmonie sein.

Mobility

Mobility ist eine Sportart, die sich für Menschen und Hunde jeden Alters, aber auch gehandicapte Vierbeiner eignet, denn die zu absolvieren Aufgaben werden individuell an die startenden Hunde angepasst. Dabei gilt es Elemente aus dem Agility, aber auch andere Spaßlektionen, wie Schaukeln, in einem Bollerwagen fahren oder ein Dummy apportieren, zu bewältigen. Außerdem können kleine Unterordnungsübungen und Kunststückchen abgefragt werden. Damit der Parcours als bestanden gilt, muss das sechsbeinige Team mindestens zwölf von siebzehn Stationen fehlerfrei durchlaufen. Anschließend folgt für Herrchen oder Frauchen ein Theorieteil mit zehn Fragen rund um den Hund. Sind acht Antworten richtig, hat auch der Zweibeiner seinen Test bestanden. Bei Mobility stehen grundsätzlich der Spaß und das Teamwork mit dem Hund im Mittelpunkt.

Sportbegleiter Mops

Unterwegs mit dem Fahrrad

Der Bewegungsdrang von Möpsen ist individuell unterschiedlich ausgeprägt. Trotzdem haben die meisten Vertreter Spaß an sportlichen Aktivitäten mit ihren Leuten. Auch bei einer Fahrradtour müssen Sie nicht auf ein Zusammensein mit Ihrem Mops verzichten, wenn Ihr Vierbeiner in einem speziellen Fahrradkorb oder -anhänger Platz nehmen und die Aussicht genießen darf. Für radbegeisterte

Bitte beachten Sie …

Nicht jeder Hund ist für jede Sportart zu begeistern. Suchen Sie die Beschäftigung mit Ihrem Mops nach seiner individuellen Vorliebe, seinem Gesundheitszustand und seiner allgemeinen Fitness aus. Nehmen Sie auch Wettkampfsport nicht allzu ernst: Drill und übertriebener Ehrgeiz haben hier nichts zu suchen. Der Spaß soll bei diesem Teamwork immer an erster Stelle stehen. Betrachten Sie Trainer ebenfalls unter diesem Gesichtspunkt: nehmen Sie Abstand von strengen, autoritären Unterrichtsmethoden. Humorvolle Motivationen sind das A und O einer optimalen Vertrauensbeziehung zwischen Ihnen und Ihrem Mops. Nur so macht Ihrem Vierbeiner die Zusammenarbeit mit Ihnen Spaß und nur so ist sie Erfolg versprechend.

Hundesportplätze und -vereine in Ihrer Nähe finden Sie über das Internet. Auch Tierschutzvereine, Tierärzte, Zoogeschäfte oder andere Hundebesitzer in Ihrer Umgebung sind geeignete Ansprechpartner auf der Suche nach einer passenden Trainingsmöglichkeit. Bevor Sie sich endgültig für einen Hundeplatz entscheiden, ist ein mehrmaliges Zuschauen vorab sowie Gespräche mit Trainern und Teilnehmern empfehlenswert. Haben Sie die Möglichkeit, sehen Sie sich am besten gleich mehrere Übungsplätze näher an. Ebenfalls hilfreich für die Entscheidungsfindung ist die Teilnahme an einer Probestunde. Wichtig ist, dass die Kursleiter individuell auf jede Hundepersönlichkeit eingehen.

Beim Mobility, das sich für Menschen und Hunde jeden Alters, aber auch für gehandicapte Vierbeiner eignet, werden die zu absolvieren Aufgaben individuell an die startenden Hunde angepasst.

Tipp!

Ausdauersportarten, bei denen der Hund länger läuft, sind nur für absolut gesunde, normalgewichtige und nicht zu alte Hunde geeignet. Auch junge Vierbeiner müssen mit Rücksicht auf ihren noch instabilen, weichen Bewegungsapparat geschont werden: Gewöhnen Sie Ihren bellenden Begleiter erst ab einem Alter von etwa 1,5 Jahren langsam an längere Strecken. Wärmen Sie Ihren Hund vor jeder sportlichen Aktivität gut auf, um Schäden am Skelett vorzubeugen.

Ein sportlicher Mops begleitet Sie gerne beim Joggen oder Walken.

Mopshalter ist also die Anschaffung eines Hundefahrradkorbes oder -anhängers empfehlenswert.

Viel Spaß am laufenden Band

Joggen, **Walken** und **Nordic Walking** sind nach wie vor die Renner unter den Outdoorsportarten. Wie immer gilt für Mensch und Hund: geteiltes Vergnügen ist doppelte Freude. Vergessen Sie selbst bei gut folgenden Hunden nie, eine Leine für den Notfall mitzunehmen. Leinen Sie jagdbegeisterte Vierbeiner im Wald mit Rücksicht auf Wildtiere an. Inzwischen gibt es im Fachhandel spezielle Jogging-Leinen und -Gürtel, damit der Jogger die Hände frei hat. In einen Jogginggürtel wird die Leine einfach eingehängt. Natürlich muss Ihr Mops so gut erzogen sein, dass er nicht ungestüm an der Leine zieht. Planen Sie eine größere Runde mit Pause, vergessen Sie etwas Wasser für Ihren Vierbeiner nicht. Lassen Sie ihn allerdings nicht zu viel davon trinken, damit er durch das Rennen mit vollem Bauch keine Magendrehung bekommt.

Probier's mal mit Gemütlichkeit

Mögen Sie oder Ihr Mops keine flotten Sportarten, probieren Sie es mal mit einer ruhigeren **Wanderung**. Da jedoch auch hier von Zwei- und Vierbeinern Ausdauer gefragt ist, müssen Sie das Training wieder erst langsam aufbauen.
Nehmen Sie für längere Touren neben einer eigenen Brotzeit auch Trinkwasser und, je nach Dauer, eine kleine Futterration sowie einen Napf für Ihren Mops mit. Vergessen Sie außerdem ein Erste-Hilfe-Notfallset nicht. Einer größeren Vorbereitung bedürfen **längere Bergtouren**. Sicheres Kartenlesen ist dabei schon eine wichtige Grundvoraussetzung. Klären Sie bei Mehrtagestouren unbedingt vorab, ob Ihr Vierbeiner auch in Hütten übernachten darf.

Rund ums Spielen

Warum Spielen so wichtig ist

Alle jungen Tiere spielen gerne, denn Spielen macht Spaß, aber nicht nur das: im Spiel lernt ein Vierbeiner fürs Leben und zwar sein Leben lang. Schon Welpen lernen spielerisch ihre Umwelt kennen, lernen aus guten und schlechten Erfahrungen. Aber auch die Rangordnung innerhalb des Hunderudels und später innerhalb der Familie wird spielerisch ausgetestet. Das Spiel mit Artgenossen legt für

Gesundheits-Tipp für vierbeinige Sportskanonen

Erste Hilfe bei Muskelkater: Vorbeugend gleich nach der Anstrengung 1 Tablette Rhus toxicodendron D30 oder im Akutfall 2 x tgl. 1 Tablette.

Welpen den Grundstein zu einem normal entwickelten, ausgeglichenen Sozialverhalten. Spielen ist aber nicht nur für junge Hunde wichtig. Im Grunde kann ein Vierbeiner bis ins hohe Alter spielerisch lernen. Erwachsene Hunde testen untereinander ebenfalls immer wieder im Spiel ihre Rangordnung aus.

Sehr selbstbewusste Tiere versuchen oft innerhalb ihrer Familie durch schelmische Tricks ihre Grenzen und ihren Stand in der Familie auszuloten. Lassen Sie sich hiervor nicht einwickeln, sonst haben Sie schnell verspielt. Auch veränderte Lebensbedingungen oder unbekannte Gegenstände werden noch von erwachsenen Hunden spielerisch erforscht. Häufiges Spielen schult außerdem das Gehirn des Vierbeiners. So belegen Studien, dass Hunde, die in ihrer Welpenzeit kaum Eindrücke sammeln konnten, ihr Leben lang weniger aufnahmefähig sind, als Artgenossen, die zwar von den Erbanlagen her nicht so intelligent sind, dafür aber mehr gefördert wurden. Vierbeiner, denen mehr geboten wird, können sich auch nachweislich besser konzentrieren. Junge Hunde erfahren durch ausgelassenes Toben nach Erziehungseinheiten eine tolle Belohnung. Sie dürfen nun ihren, durch die Anspannung des Lernens aufgestauten Energien so richtig freien Lauf lassen und entspannen sich somit wieder. Gehen Sie die Erziehung Ihres Mopses spielerisch an, wirkt dies sehr motivierend auf den Vierbei-

Tipp!

Nehmen Sie als Hundebesitzer auf Spaziergängen Rücksicht auf andere Jogger und Radfahrer: Rufen Sie Ihren Mops ab und lassen Sie ihn kurz bei Fuß gehen, bis Jogger oder Radler vorüber sind. Dies ist zugleich ein gutes Erziehungstraining.

Hunde, egal welchen Alters, die nicht spielen dürfen, können seelisch und auch körperlich verkümmern.

Keinen Sport mit vollem Bauch

Wegen der Gefahr einer Magendrehung darf ein Hund grundsätzlich vor sportlichen Aktivitäten nichts zu fressen bekommen. Füttern Sie ihn auch nicht unmittelbar danach, sondern erst nach einer ca. 20-minütige Erholungspause: eine große, gierig verschlungene Portion kann zusätzlich Kreislauf belastend sein und schwer im Magen liegen.

ner, denn der Spaß kommt dabei nie zu kurz. Außerdem entwickelt sich ein intensives Vertrauensverhältnis zwischen Ihnen und Ihrem Hund. Regelmäßige Spielstunden schweißen Sie und Ihren Mops zu einem richtigen Dream-Team zusammen. Auf diese Weise bleibt Ihr bellender Kamerad auch im Alter lange körperlich und geistig fit. Schüchterne Vertreter gelangen durch einfache Spiele, die Erfolge bringen, zu einem neuen, gestärkten Selbstbewusstsein. Spielen ist für Hunde jeden Alters also in den unterschiedlichsten Bereichen wie ein Lebenselixier, ohne das sie auf Dauer physisch und psychisch verkümmern würden.

Lustige Hundespiele

Kreative Hürden Sportliche Möpse haben großen Spaß am Überspringen von niedrigen Hürden. Legen Sie hierfür ein bis zwei Handfeger oder Schuhbürsten mit den Borsten nach oben auf den Boden und lassen Sie Ihre bellende Hupfkugel darüberspringen. Zwei niedrige Pappkartons, auf denen in einer vorher ausgeschnittenen Rundung ein Besenstiel platziert wird, ergeben ebenfalls eine attraktive Hürde für Ihren Mops. Ein Stock kann auf zwei Ziegelsteine gelegt, übersprungen werden. Setzten Sie sich auf den Boden, lädt Ihr ausgestrecktes Bein zum Überspringen ein. Vier Ziegelsteine oder mehrere umgedrehte, kleinere Blumentöpfe sind ebenfalls ein tolles Hindernis. Eine mit Wasser gefüllte, rechteckige Katzentoilette stellt einen Wassergraben dar.

Apportierspiele Beherrscht Ihr Mops das Kommando „Apport", hat er großen Spaß an Bringspielen. Er wird stolz wie Oskar sein, wenn er Ihnen ab jetzt die Zeitung, einen Pantoffel, Ihre Socken oder einen kleinen Schirm tragen darf. Für die Gartenarbeit bringt

Das Spiel mit Artgenossen legt für Welpen den Grundstein zu einem normal entwickelten, ausgeglichenen Sozialverhalten.

Zehn Spielregeln für Sie und Ihren Mops

Spielen macht Spaß, allerdings nur, wenn sich alle Mitspieler an bestimmte Regeln halten. Im Zusammenspiel mit Ihrem Mops bleiben Sie jedoch immer der Chef, der auch dafür sorgt, dass Ihr cleverer Vierbeiner nicht still und heimlich Ihre Autorität untergräbt.

- *Sie bestimmen Zeitpunkt und Ort.*
- *Sie sind der Spielzeug-Verwalter.*
- *Kein Tauziehen mit sehr selbstbewussten Rambos.*
- *Nach dem Füttern herrscht Spielverbot (Magendrehung).*
- *Lassen Sie Ihren Hund während des Spiels keine großen Mengen trinken (Magendrehung).*
- *Nicht in der größten Mittagshitze spielen.*
- *Auf ausreichende Ruhephasen achten.*
- *Belohnen Sie nicht nur mit Leckerli, sondern auch mit Stimme, Streicheln und Spielzeug.*
- *Sie legen das Spielende fest.*
- *Hören Sie auf, wenn's am Schönsten ist!*

Ihnen Ihr bellender Gentleman gerne die Gummihandschuhe oder eine kleine Gießkanne. Wasserratten apportieren auch aus dem kühlen Nass. Hier gibt es inzwischen spezielles Neopren-Spielzeug in verschiedenen Größen, das sehr leicht ist und somit gerade für kleine Hunde gut geeignet ist.

Bitte beachten Sie ...

Nicht alle Hunde sind für jedes Spiel zu begeistern. Stellen Sie fest, dass Ihr Mops keinen Spaß an einem Spiel hat, wechseln Sie lieber zu einem anderen über. Diese Spiele sollen für beide Seiten eine lustige Abwechslung im Herr-Hund-Alltag sein und nicht in Drill und Frust ausarten.

Ein niedriger Wassertrog lädt nicht nur zum Trinken und Plantschen ein, sondern kann auch als Hürde übersprungen werden.

Fußballspiel Das „Fußball-Spiel" ist für zwei- und vierbeinige Ballfetischisten (und Menschen, die sich nicht ständig bücken wollen) ein großer Spaß. Hierfür benötigen Sie mindestens zwei Bälle und eine Wiese. Die ersten Bälle werden dem Hund geworfen. Haben Sie keinen Ball mehr in der Hand, schießen Sie ab jetzt die am Boden liegenden Bälle. Während der Hund immer einem Ball hinterherläuft, ihn aufnimmt und in der Schnauze trägt, schießen Sie den nächstliegenden „freien" Ball in die entgegengesetzte Richtung des Hundes, damit sich der Vierbeiner dabei richtig austoben kann. Je mehr Bälle Sie verwenden, umso

Wichtige Auflockerung

Weil das Erlernen von Kunststückchen eine sehr hohe Konzentration vom Hund verlangt, sollten Sie immer nur in kurzen Sequenzen üben. Schließen Sie stets mit einem Erfolgserlebnis ab und lockern Sie die einzelnen Lernschritte durch Pausen auf. Auch ein zwischenzeitliches Toben im Garten macht den Kopf wieder frei für die Aufnahme neuer „Befehle".

lustiger wird's: Nicht nur bei Ihnen, sondern auch bei Ihrem Hund sind Geschicklichkeit und Reaktionsvermögen gefragt.

Für Supernasen Manche Möpse sind auch für Schnüffelspiele zu begeistern. Verstecken Sie Ihrem Vierbeiner mal ein Stück Pansen in einer speziellen Schnüffelbox. Wickeln Sie hierfür den Pansen in zerknülltes Zeitungspapier. Dieses geben Sie nun samt duftendem Inhalt locker in eine Pappschachtel, deren

Viele Möpse sind für Schnüffelspiele unterschiedlichster Art zu begeistern.

Für Welpen ist das Fußballspiel nicht geeignet, denn es geht zu stark auf die noch instabilen Gelenke.

Deckel bereits mit einigen Duftlöchern versehen ist. Jetzt heißt es für Ihren Hund: „Auf die Plätze, fertig, los!“ Feuern Sie ihn mit dem Kommando „Such“ und eigener Begeisterung an, sein Leckerli zu finden. Selbstverständlich dürfen dabei auch die Fetzen fliegen. Eine mit Leckerlis und zerknülltem Zeitungspapier gefüllte Glühbirnenschachtel ist ebenfalls ein tolles Schnüffelobjekt.

Fortgeschrittene Vierbeiner können nach bestimmten Gegenständen suchen, die nach Ihnen riechen, wie beispielsweise ein kleiner Geldbeutel oder Ihre Handschuhe. Nehmen Sie auf einem Spaziergang unbemerkt vom Hund einen Tannenzapfen auf, reiben Sie ihn in Ihren Händen, werfen Sie ihn wieder weg und schicken Sie Ihre Supernase auf Streife. Loben sie eifrig, wenn Ihr Mops die richtige Richtung einschlägt. Hat er den Zapfen gefunden und nimmt er ihn auf, belohnen Sie ihn ausgiebig. Am Ende winkt natürlich ein Leckerli. Eine Abwandlung des Spiels besteht darin, dass Ihr Mops aus einem ganzen Haufen von Tannenzapfen den herausfinden soll, den Sie vorher in der Hand hatten.

Selbst gemachtes Hundespielzeug
Leicht lässt sich ein Jute- oder Lederspielzeug selber herstellen: nehmen Sie hierfür einen alten Jutesack, füllen sie ihn mit etwas Holzwolle und binden Sie ihn mit einem Baumwollstrick fest zu. Lederreste ergeben zusammengenäht und ausgestopft ebenfalls ein interessantes Apportel. Ein abgetrenntes Jeansbein, ein ausrangiertes T-Shirt, ein ausgedienter Strumpf oder ein altes Handtuch sind, allesamt mit einem großen Knoten versehen, lustige Schleuderspielzeuge. Leere Pizzakartons ergeben lustige Frisbee®-Scheiben für den Hausgebrauch, die Ihr Mops anschließend nach Herzenslust zerfetzen darf.

Der gemeinsame Alltag

Ein gut erzogener Mops ist im Alltag ein toller Begleiter. Bestimmt freuen sich Ihre Freunde nicht nur über Ihren Besuch, sondern auch über Ihren vierbeinigen Gute-Laune-Bringer. Der gemeinsame Gang in ein Restaurant sowie das brave unter dem Tisch Liegen versteht sich für einen vierbeinigen Gentleman von selbst. Mit einem vorbild-

Gefährliches Hundespielzeug!

- *Gefährlich für Hunde ist Kinderspielzeug wie Bausteine oder Stofftiere mit Glasaugen oder Knöpfen, die schnell abgerissen und gefressen sind.*
- *Alle spitzen und scharfkantigen Gegenstände sind als Hundespielzeug absolut ungeeignet; dies gilt auch für Spielzeug, in dem spitze Teile wie Nägel oder Drähte eingearbeitet sind.*
- *Ebenfalls absolut tabu sind Schnüre, dünne Nylonstrümpfe, Plastikbecher oder Luftballons.*
- *Verboten sind Äste von giftigen Sträuchern sowie lackierte Dinge.*
- *Zu schweren Verletzungen können Materialien führen, die leicht splittern oder zerbrechen, wie bestimmte Holzarten, Glas, Keramik oder manche Kunststoffteile.*

Bei all diesen Dingen drohen dem Hund nicht nur schwere Verletzungen im Maul, sondern auch im Magen-Darm-Trakt. Im schlimmsten Fall kann Ihr Vierbeiner ersticken oder einen Darmverschluss bekommen.

Erste-Hilfe-Tipp!

Hat Ihr Hund doch einmal aus Versehen ein gefährliches spitzes oder scharfes Teil gefressen, füttern Sie als Erste-Hilfe-Maßnahme

sofort rohes Sauerkraut; dies wickelt sich im Verdauungstrakt um den Gegenstand, sodass dieser, meist ohne weitere Schäden anzurichten, wieder ausgeschieden wird. Kontaktieren Sie zur Sicherheit aber trotzdem auch ihren Tierarzt.

lichen Hund sind Sie ein gern gesehener Gast, der fast schon negativ auffällt, wenn er einmal ohne seinen vierbeinigen Begleiter kommt. Die mittägliche Einkehr wird Ihrem Mops mit einem wohlverdienten Schweineohr versüßt. Ein anschließender Verdauungsspaziergang tut nicht nur Ihnen, sondern auch Ihrem Vierbeiner gut. Außerdem kann Sie ein gut erzogener Hund zum Einkaufen begleiten. Gerne trägt Ihnen ein eifriger Apporteur beispielsweise eine gekaufte Zeitschrift nach Hause. Somit haben nicht nur Sie, sondern auch Ihr Mops Spaß am gemeinsamen Shoppen.

Viele Hunde sind wahre Autofetischisten, die einfach nur gerne mitfahren. Sichern Sie Ihren Mops aber unbedingt ausreichend, ansonsten kann es im Falle eines Unfalls nicht nur gefährlich, sondern auch teuer werden, denn Tiere gelten im Auto rechtlich gesehen als Ladung. Inzwischen gibt es viele Sicherungssysteme, doch leider sind nicht alle wirklich empfehlenswert. Achten Sie bei der Auswahl am besten auf vorliegende Ergebnisse von Crashtests oder DIN-Prüfungen. Auch der ADAC hat eine Liste mit Vor- und Nachteilen unterschiedlicher Sicherungseinrichtungen wie Spezialsicherheitsgurte, Trenngitter, Transportboxen & Co. herausgegeben.

Ihr Mops kann Sie selbstverständlich bei vielen weiteren Aktivitäten begleiten wie beispielsweise einem Ausflug an einen Badesee oder bei diversen Wintersportarten. Möglicherweise haben Sie auch einen hundefreundlichen Chef, der sich über einen vierbeinigen Mitarbeiter mit Aufgabenschwerpunkt „Verbesserung des Betriebsklimas“ freut. Wichtig ist bei allem, dass Sie Ihren Hund ganz behutsam an die jeweils neue Situation heranführen. Sparen Sie dabei nie mit Lob. Trauen Sie ihm andererseits aber auch außerhalb Ihrer vier Wände ruhig ein ordentliches Auftreten zu. Probieren Sie es aus. Haben Sie Mut für gemeinsame Unternehmungen!

Hundesitter und -tagesstätten

Immer wieder einmal wird es vorkommen, dass Sie Ihren Mops nicht mitnehmen können. Wenn Sie länger als 5 Stunden abwesend sind, sollten Sie Ihren Vierbeiner bei einem Hundesitter unterbringen. Idealerweise finden Sie jemanden im Freundes- oder Verwand-

Ein gut erzogener Mops ist im Alltag ein toller Begleiter, der viel Fröhlichkeit und gute Laune verbreitet.

Oben: Bei der Suche nach einem geeigneten Hundesitter sollten Sie sich unbedingt Zeit nehmen. Schließlich soll Ihr vierbeiniger Liebling viel Zeit dort verbringen und sich wohl fühlen.

tenkreis, der Ihren Mops liebt und bei dem sich auch Ihr Hund wohl fühlt. Ist dieser Fall für Sie unrealistisch, fragen Sie andere Hundebesitzer, die Sie täglich beim Spaziergang treffen. Vielleicht kennt jemand eine hundebegeisterte Person, die selbst keinen Vierbeiner halten kann, aber hoch erfreut über gelegentlichen Hundebesuch ist. Häufig sind Tiersitter auch Tierärzten, Tierschutzvereinen, Hundeschulen oder Zoofachhändlern bekannt. Empfehlenswert ist ebenfalls der Blick in die Kleinanzeigen Ihrer Tageszeitung oder ins Internet. Möchten Sie Ihren Mops lieber von einem Profi betreuen lassen, wen-

Nach einem Tag beim Tiersitter macht das Spielen und Kuscheln mit Frauchen doppelt Spaß.

Gerne verbringt ein Mops feuchtfröhliche Stunden mit Ihnen gemeinsam an einem hundefreundlichen Badesee.

den Sie sich an eine Hunde-Tagesstätte. Hier sind meist mehrere Vierbeiner gleichzeitig „geparkt". Für gut sozialisierte Hunde ist dieser Aufenthalt ein großer Spaß, da sie hier viel Kontakt mit Artgenossen bekommen.

Sensiblere Vertreter fühlen sich eventuell bei einem privaten Betreuer wohler, denn er kümmert sich ganz individuell ausschließlich nur um ihn. Tagesstätten sind häufig Hundepensionen oder -hotels angegliedert. Der Aufenthalt hier ist in der Regel teurer als bei einer privaten Stelle. Andererseits können Sie in professionellen Betrieben oftmals Extras buchen wie Erziehungstraining, Tierarztbesuche oder Wellnessprogramme. Nehmen Sie sich auf alle Fälle viel Zeit für die Suche und Auswahl eines geeigneten Hundesitters. Sehen Sie sich vor Ort genau um und beobachten Sie gut, wie Mensch und Hund miteinander umgehen und aufeinander reagieren. Nur wenn ein optimales Vertrauensverhältnis gegeben ist, werden sich beide Seiten wohl fühlen. Und nur dann können Sie beruhigt auch mal ohne Ihren Mops unterwegs sein. Wichtig ist außerdem, den Vierbeiner möglichst frühzeitig an die Unterbringung bei anderen Personen zu gewöhnen, dann fällt ihm später die vorübergehende Trennung von Ihnen nicht so schwer.

Häufig nimmt der Züchter seinen ehemaligen Nachwuchs gern in Pflege.

Urlaub

Mit dem Mops auf Reisen

Für einen Mops ist Dabeisein alles, daher gibt es für ihn auch nichts Schöneres als Sie im Urlaub zu begleiten. Ein sicherer Garant für eine erholsame Reise ist in erster Linie eine gute Organisation im Vorfeld. Möchten Sie ins Ausland fahren, sprechen Sie unbedingt vor Ihren Ferien mit Ihrem Tierarzt. Er wird Sie beraten und aufklären und Ihnen alle erforderlichen Medikamente mitgeben. Vergessen Sie nicht, den auf dem Mikrochip des Hundes enthaltenen Code spätestens vor einer geplanten Reise bei einem Tierregister (siehe Kapitel „Hilfreiche Adressen“) eintragen zu lassen, damit Ihr Vierbeiner im Falle eines Verschwindens schneller wiedergefunden werden kann. Besorgen Sie rechtzeitig alle Grenzpapiere, fehlendes Reisezubehör und Hundefutter.

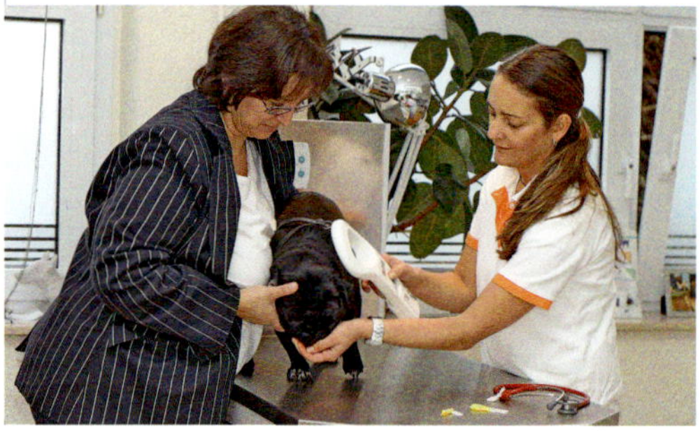

Lassen Sie den auf dem Mikrochip des Hundes enthaltenen Code bei einem Tierregister eintragen, damit Ihr Mops im Falle eines Verschwindens schneller wiedergefunden werden kann.

Haben Sie einen hundefreundlichen Urlaubsort gefunden, geht es an die Suche einer geeigneten Unterkunft. Wollen Sie ein All-Inclusive-Paket buchen, sind Sie mit einem tierfreundlichen Hotel gut beraten. Inzwischen gibt es sogar richtige Hundehotels, in denen sich Herr und Hund gleichermaßen verwöhnen lassen können. Außerdem werden Hotels mit angegliederter Hundeschule immer beliebter. Gerade Singles treffen hier viele Gleichgesinnte und knüpfen schnell Kontakte.

Halten Sie mehrere Hunde, ist es empfehlenswert, ein eigenes Ferienhauses zu mieten.

Bei einer längeren Autofahrt sollten genügend Pausen eingeplant werden, damit sich Ihr Mops lösen und die Beine vertreten kann.

Lieben Sie es dagegen ruhiger, sind Sie gern flexibel und können gut auf Luxus verzichten, empfiehlt sich ein Ferienhaus oder -wohnung. Hier sind Sie Ihr eigener Herr und haben für sich und Ihren Mops viel Platz. Urige Camping- und Hüttenaufenthalte sowie Trekkingtouren mit Hund stellen für abenteuerlustige Outdoorfreaks mit sportlichen Möpsen eine reizvolle Alternative zum herkömmlichen Urlaub dar. Erkundigen Sie sich aber unbedingt vorab, ob Ihr Vierbeiner auch wirklich willkommen ist. Über das Internet oder das Tourismusbüro Ihres ausgewählten Ferienortes bekommen Sie entsprechende Adressen und Informationen.

Der Hunde-Fahrplan

Eine gute Organisation schließt auch die Wahl nach einem passenden Verkehrsmittel mit ein. Damit bereits die Anreise für alle Beteiligten stressfrei und entspannend wird, gibt es für die Mitnahme des vierbeinigen Lieblings je nach Land und gewähltem Verkehrsmittel einiges zu beachten. Am beliebtesten ist sicherlich die Fahrt mit dem Auto. Ihr Mops benötigt hier unbedingt einen eigenen Platz, an dem er vorschriftsmäßig gesichert ist. Achten Sie außerdem auf ausreichend Kühlung sowie Frischluft und Wasser. Vermeiden Sie jedoch Zugluft, denn die kann zu schweren Augenentzündungen und Erkältungen führen. Regelmäßige Gassi- und Trinkpausen sind ein Muss. Halten Sie dafür immer Wasserflasche und -napf griffbereit. Damit Ihr Mops nicht mit schwerem Magen losfährt, füttern Sie ihn zuletzt maximal vier Stunden vor Reiseantritt. Führt Ihre Strecke über Bergstraßen, bieten Sie Ihrem Vierbeiner bei häufigem Gähnen oder Hecheln ein paar Leckerli oder einen Kauknochen an, damit sich der unangenehme Druck auf den Ohren löst. Planen Sie auf jeden Fall genug Zeit für die Anreise ein, eventuell sogar mit Zwischenübernachtungen. Die besten Reisezeiten sind morgens und abends, eventuell sogar nachts. Versuchen Sie Staugebiete zu umfahren. Geraten Sie trotzdem in einen Stau, verlassen Sie bei nächster Gelegenheit lieber die Autobahn für einen Spaziergang, bis sich der Stau wieder aufgelöst hat.

Todesfalle Auto

Wenn Sie selbst eine kurze Pause benötigen, lassen Sie Ihren Mops an heißen Tagen nie im Auto zurück. Auch geöffnete Fenster verhindern nicht die enorme Aufheizung des Autos, das für den Vierbeiner schnell zur quälenden und tödlichen Falle werden kann.

Österreich und Schweiz

In Österreich und der Schweiz gelten für die Beförderung von Hunden ähnliche Bestimmungen wie in Deutschland. Nähere Informationen erhalten Sie bei der Österreichischen Bundesbahn (ÖBB) unter **www.oebb.at** *bzw. der Schweizer Bundesbahn (SBB) unter* **www.sbb.ch**

Vor einer Reise mit Hund muss auch für den Vierbeiner ein „Koffer" gepackt werden.

Mit der Bahn unterwegs

Für die Fahrt in einem öffentlichen Verkehrsmittel ist ein guter Benimm Ihres Mopses eine selbstverständliche Grundvoraussetzung. Außerdem ist eine gewisse Nervenstärke nötig, denn nicht nur auf dem Bahnsteig, sondern auch im Zug selber muss Ihr vierbeiniger Begleiter häufig mit Menschenmengen und großer Enge fertig werden. Gehen Sie vor der Abreise noch spazieren, damit Ihr Hund nicht nach einiger Zeit im Zug unruhig wird. Längere Aufenthalte sind für kleine Pinkelpausen nützlich. Nehmen Sie für den Notfall ein Kottütchen mit. Lassen Sie Ihren Mops nie auf dem Bahnsteig frei laufen: durch das dortige Treiben könnte er in Panik geraten und entwischen. In der Bahn ist ebenfalls Leinenzwang angesagt. Hunde in der Größe eines Mopses, die auch noch in einer Transporttasche oder -box Platz haben, fahren kostenlos. Weitere Infos finden Sie im Internet unter: *www.bahn.de.*

Unterwegs in Bus und Taxi

In vielen Städten gibt es spezielle Tiertaxis. Aber auch in normalen Taxis dürfen Hunde mitfahren. Erwähnen Sie bereits bei der Bestellung, dass Sie ein Vierbeiner begleitet. Busfahren ist in manchen Städten für Hunde kostenlos, in anderen gilt der halbe Fahrpreis. Fragen Sie entweder gleich vor Ort den Fahrer oder erkundigen Sie sich vorab beim örtlichen Fremdenverkehrsbüro.

Bahnreisen sind nichts für nervenschwache Hunde. Sie müssen sowohl auf dem Bahnsteig als auch später im Zug selbst mit großen Menschmengen, Enge und neuen Gerüchen fertig werden.

Das gehört ins Hundegepäck

- ✓ Leine und Halsband bzw. Geschirr
- ✓ Adressen-Schild fürs Halsband mit Urlaubsadresse und dem Reisezeitraum sowie der Heimatadresse
- ✓ Maulkorb
- ✓ Eventuell Transportbox
- ✓ Körbchen, Decke und Handtücher
- ✓ Spielzeug
- ✓ Frisches Trinkwasser und Näpfe
- ✓ Futter, Leckerli und Kauknochen
- ✓ Dosenöffner
- ✓ Bürste und/oder Noppenhandschuh
- ✓ Kottütchen
- ✓ Sonnenschutz
- ✓ Reiseapotheke
- ✓ EU-Heimtierausweis/Grenzpapiere
- ✓ Versicherungsnummer und Anschrift der Haftpflichtversicherung

Internet-Tipp

Unter ***www.partner-hund.de*** *finden Sie die Einreisebestimmungen für Reisen mit Hund ins Ausland; auch etliche Gesetze, die im Reiseland gelten, sind aufgeführt sowie diverse Inlandsbestimmungen, hundefreundliche Ferienquartiere, Reiseangebote, Checklisten, Zubehör und Bezugsquellen.*

„Eine Seefahrt, die ist lustig ..."

Fährüberfahrten mit einer Dauer von ein bis drei Stunden stellen für Hundebesitzer meist kein Problem dar, weil der Vierbeiner in der Regel mit an Deck darf. Allerdings kann dies auch von Land zu Land verschieden sein, erkundigen Sie sich also lieber vorab bei Ihrem Reiseveranstalter. Bei längeren Strecken sind Hunde häufig wegen fehlender Unterbringungsmöglichkeiten nicht zugelassen. Manche Fähren bieten inzwischen schon spezielle Hundekabinen an. Grundsätzlich gilt auf Schiffen Leinenzwang, manchmal sogar Maulkorbpflicht.

Vergessen Sie nicht Ihre Hundegrundausstattung wie Napf, Wasser, evtuell etwas Futter, eine Decke sowie den Impfpass und je nach Einreiseformalität ein Gesundheitszeugnis. Kreuzfahrten sind für Hunde tabu. Einzige Ausnahme: die „Queen Elisabeth II", sie hat ein eigenes Hundedeck.

Flugreisen mit Hund

Kleine Hunde bis zu einem Gewicht von 5 kg dürfen bei den meisten Fluggesellschaften im Passagierraum mitfliegen. Informieren Sie sich aber unbedingt vor der Flugbuchung über die genauen Mitnahmebedingungen. Auch Blinden- und Behindertenbegleithunde können unabhängig von ihrer Größe bei ihrem Führer bleiben. Schwerere Hunde müssen in

Weitere interessante Hinweise zum Thema „Urlaub mit Hund" finden Sie im Internet.

Am Verhalten Ihres Vierbeiners merken Sie schnell, ob er sich in der Pflegestelle wohlfühlt.

einer Transportbox im Gepäckraum untergebracht werden. Sprechen Sie vor einem Flug mit Ihrem Tierarzt und lassen Sie sich auf jeden Fall ein Beruhigungsmittel für Ihren Vierbeiner mitgeben, denn eine Flugreise bedeutet großen Stress für den Hund. Weitere Informationen zum Thema bekommen Sie unter *www.flughund.de*

Der Mops in der Pflegestelle

Bei manchen, besonders weit entfernten oder heißen Urlaubszielen ist es besser auf die Mitnahme Ihres Mopses zu verzichten und ihn während Ihrer Abwesenheit zu Hause optimal unterzubringen. Auch diese Ferienvariante muss gut vorbereitet werden. So gilt es zunächst einen zuverlässigen, lieben Hundesitter oder eine kompetente Tierpension zu finden. Im Idealfall kann Ihr Mops bei Verwandten oder Freunden einquartiert werden. Häufig nimmt der Züchter seinen ehemaligen Nachwuchs gern in Pflege.
Vielleicht kennt er aber auch jemanden, bei dem Ihr haariger Kamerad während Ihres Urlaubs gut aufgehoben ist. Professionelle Hundepensionen finden Sie über das Internet, das Branchenverzeichnis, Ihren Tierarzt, Tierschutzvereine, Zoofachgeschäfte, Hundevereine, den Kleinanzeigenteil Ihrer Tageszeitung oder Tierzeitschriften. Auch andere Hundebesitzer, die Ihren Vierbeiner ebenfalls schon in einer Pension untergebracht haben, können Ihnen entsprechende Tipps geben.

Die Hunde-Reiseapotheke

- Eventuell benötigte Dauermedikamente
- Mittel gegen Reisekrankheit oder Beruhigungsmittel (vom Tierarzt)
- Mittel gegen Durchfall
- Wundspray/Desinfektionsmittel
- Augen- und Ohrentropfen
- Flohmittel Zeckenmittel
- Zeckenzange
- Schere

- Fieberthermometer
- Gaze, Verbandsmaterial
- Pfotenschutzschuh
- Rescue-Tropfen von Bach

Ihrem Mops zuliebe sollten Sie ihn nicht erst am letzten Tag vor Ihrer Abreise zur Betreuungsstelle bringen. So können eventuelle Schwierigkeiten noch vor Ihrer Abfahrt geklärt werden.

Für die Pflegefamilie muss zusätzlich ins Hundegepäck

- ✓ Eventuell nötige Medikamente
- ✓ Ihre Urlaubsadresse bzw. Handynummer für Notfälle
- ✓ Telefonnummer Ihres Tierarztes
- ✓ Liste mit Vorlieben, Abneigungen und Eigenheiten Ihres Hundes

Sogar Tierheime nehmen vorübergehende Pfleglinge auf. Die Bezahlung ist hier für einen guten Zweck, denn das Geld kommt gleichzeitig dem Tierschutz zu gute. Nehmen Sie sich unbedingt Zeit für die Auswahl eines geeigneten Pflegeplatzes. Sehen Sie sich vor Ort genau um, sprechen Sie ausführlich mit der zuständigen Person und vereinbaren Sie vorab am besten mehrere Treffen, damit Ihr Mops und der vorübergehende Betreuer sich schon etwas kennenlernen.

Beobachten Sie das Verhalten Ihres Vierbeiners: Fühlt er sich wohl in der neuen Umgebung? Hat er Vertrauen zu seinem möglichen Pfleger? Nehmen Sie Abstand von Hundepensionen, die nur auf Ihr Geld, nicht aber auf das Wohl Ihres Hundes aus sind. Zahlen Sie andererseits lieber mehr, wenn Ihnen der Pflegeplatz optimal erscheint. Haben Sie einen vertrauenswürdigen Hundesitter gefunden, schließen Sie mit ihm einen Vertrag ab. Sprechen Sie eventuelle Vorlieben, Abneigungen und Eigenheiten Ihres Mopses an. Informieren Sie ihn außerdem über die gewohnten Fütterungs- und Gassigehzeiten. Gehorcht Ihr Vierbeiner nicht absolut zuverlässig, bitten Sie den Pfleger, Ihren Hund beim Spaziergang nicht abzuleinen. Alle wichtigen Informationen halten Sie für den Sitter am besten schriftlich fest. Geben Sie Ihren Mops nicht erst am letzten Tag vor Ihrer Reise in der Betreuungsstelle ab, damit eventuelle Schwierigkeiten noch vor Ihrer Abfahrt geklärt werden können.

Vorsorge

Vorbeugende Maßnahmen tragen ebenfalls zu einem langen, gesunden Hundeleben bei.

Nimmt Ihr Mops unterwegs unkontrolliert Fressbares auf, bringen Sie ihm bei, nur auf Befehl hin zu fressen. Das kann den Vierbeiner vor Vergiftungen schützen.

Neben einer optimalen Pflege, Ernährung und Auslastung gibt es weitere vorsorgende Maßnahmen, die zu einem langen, gesunden Hundeleben beitragen. Hierzu gehören natürlich regelmäßige Entwurmungen und Impfungen (siehe Kasten). Außerdem ist ein hygienisches Umfeld wichtig: Achten Sie stets auf einen sauberen Futterplatz und gereinigte Näpfe. Waschen Sie auch das Hundebett öfters in der Maschine, damit Parasiten wie Milben oder Flöhe keine Überlebenschance haben. Suchen Sie Ihren Mops zudem von Frühjahr bis Herbst täglich nach Zecken ab, denn diese könnten Ihren Hund mit Borreliose infizieren. Vor starkem Befall können spezielle Präparate schützen. Ihr Tierarztberät Sie hierzu gerne.

Eine bewährte Prophylaxe gegen Krankheitsanfälligkeit ist viel Bewegung an der frischen Luft bei jedem Wetter, denn auf diese Weise härten Sie Ihren Vierbeiner ab.

Entwurmung

Führen Sie viermal im Jahr eine Wurmkur bei Ihrem Mops durch, um ihn vor Darmparasiten wie Band-, Rund-, Haken- und Peitschenwürmern zu schützen, mit denen er sich überall in freier Natur durch tote Wildtiere oder deren Kot infizieren kann. Möchten Sie Ihren Hund nicht routinemäßig entwurmen, sollten Sie wenigstens alle drei Monate eine Kotprobe von Ihrem Tierarzt auf Würmer untersuchen lassen, damit Sie im Falle einer Infektion schnell handeln können, schließlich ist eine Übertragung auf Menschen ebenfalls möglich.

Manchen gesundheitlichen Schwachstellen Ihres Hundes können Sie gut mit Alternativmedizin begegnen und dadurch Erkrankungen vorbeugen. Hier leistet beispielsweise die Ho-

Viel Bewegung an der frischen Luft bei jedem Wetter ist eine bewährte Prophylaxe gegen Krankheitsanfälligkeit. Auf diese Weise härten Sie Ihren vierbeinigen Freund ab.

möopathie hervorragende Dienste. So unterstützt Echinacea wirkungsvoll ein geschwächtes Immunsystem. Das Anfangsmittel bei einer beginnenden Erkältung ist Aconitum. Gelsemium oder Euphorbium können bei bereits bestehendem Schnupfen und Belladonna bei Husten helfen. Zur Verbesserung des Allgemeinbefindens wird China verabreicht.

Augentropfen vom Tierarzt dürfen in der Hausapotheke für Ihren Mops nicht fehlen.

Weitere wirksame Rezepte hält die Kräutermedizin parat. So tun Salbei-Tee und -Honig Ihrem Hund bei Husten gut. Auch Löwenzahn- und Spitzwegerich-Honig sind empfehlenswert. Geben Sie in der Akutphase mehrmals täglich einen Teelöffel. Anfällige, alte oder geschwächte Tiere bekommen durch Zufütterung von Vitamin-C-reichem Hagebutten- oder Holunderbeerenmus neuen Schwung. Zur allgemeinen Stärkung ist Rosmarin sehr gut geeignet. Brennnessel und Löwenzahn kurbeln den Stoffwechsel an und sorgen auf diese Weise für eine bessere Fitness.

Reiben Sie rissige Ballen mit Kamillen- oder Ringelblumensalbe ein, damit sie sich nicht entzünden. Ebenso bewährt haben sich Johanniskraut- und Lavendelöl.

Behandeln Sie eine durch Schneefressen verursachte Magenreizung mit Kamillen-Tee; er wirkt entzündungshemmend und beruhigt die Schleimhaut. Legen Sie bei Bauchschmerzen warme, entspannende Kamillen-Umschläge auf den Hundebauch.

Die Hausapotheke für Ihren Mops

- Eventuell nötige Dauermedikamente
- Mittel gegen Durchfall
- Wundspray/Desinfektionsmittel
- Augen- und Ohrentropfen
- Flohschutzmittel
- Zeckenschutzmittel
- Zeckenzange
- Wurmkur
- Schere
- Fieberthermometer
- Gaze, Verbandsmaterial
- Pfotenschutzschuh
- Vaseline gegen rissige Ballen
- Eventuell Maulkorb
- Rescue-Tropfen von Bach

Physiologische Daten eines Mopses

Körpertemperatur 38 bis 39 °C (bei Welpen bis zu 39,3 °C)

Atemfrequenz 30 bis 50 Züge pro Minute

Pulsfrequenz 90 bis 120 pro Minute

Schleimhaut: rosa, feucht, glatt und glänzend, ohne Auflagerungen

Bei Stress und/oder körperlicher Belastung steigen diese Werte an

Impfungen

Damit Ihr Vierbeiner vor einigen sehr gefährlichen Infektionskrankheiten geschützt ist, sind Impfungen wichtig, die bis zur Abgabe des Welpen beim Züchter durchgeführt werden müssen. Für alle weiteren Impfungen sind Sie als neues Herrchen oder Frauchen des kleinen Knirpses verantwortlich. Zwar kann auch ein geimpfter Hund noch an den diversen Erregern erkranken, der Krankheitsverlauf selbst ist dann aber nur leicht, schließlich hatte das Immunsystem durch die Impfung vorab schon die Möglichkeit, sich durch die Bildung von entsprechenden Antikörpern auf die Erregerbekämpfung vorzubereiten.

Folgendes Impfschema ist angeraten:

6. bis 8. Woche *Parvovirose und Staupe*

8. Woche *Hepatitis c.c., Leptospirose und Zwingerhusten*

10. bis 12. Woche *Auffrischung Parvovirose und Staupe*

12. Woche *Auffrischung Hepatitis c.c., Leptosirose und Zwingerhusten*

ab 12. Woche *Tollwut*

Das vom VDH und Tierärzten empfohlene Impfschema empfiehlt ***mit 16 Wochen eine weitere Impfung:*** *Parvovirose, Staupe, Hepatitis, Leptospirose, Zwingerhusten, Tollwut*

alle ein bis drei Jahre eine Auffrischungsimpfung *Parvovirose, Staupe, Hepatitis c.c., Leptospirose, Zwingerhusten, Tollwut*

Natürlich gehört auch ein hundesicheres Zuhause zu einer umfassenden Gesundheitsvorsorge. So ist der beste Schutz vor Unfällen die Vermeidung gefährlicher Situationen. Was Sie dabei in Ihrer Wohnung und Ihrem Garten alles beachten müssen, lesen Sie im Kapitel „Welpensicheres Zuhause". Wenn Ihr Mops nicht zuverlässig folgt, leinen Sie ihn in unsicherem Gelände nie ab: zu schnell kommt es zu einer Katastrophe. Ein wirkungsvoller Schutz vor Vergiftungen ist, Ihrem Hund schon frühzeitig beizubringen, nur auf Befehl hin zu fressen. So nimmt er auch unterwegs nichts Unerlaubtes und eventuell Gefährliches auf.

Bekannte Krankheitsbilder

Grundsätzlich ist der Mops eine sehr robuste und gesunde Rasse.

Möpse sind, was Krankheiten betrifft, nicht wehleidig und hart im Nehmen. Häufig leiden sie still, ehe sie sich ein Unwohlsein anmerken lassen. Beobachten Sie Ihren Mops daher gut und reagieren Sie bereits bei den ersten Anzeichen einer Erkrankung, denn je früher Sie eine Krankheit erkennen, umso besser. Suchen Sie rechtzeitig einen Tierarzt auf, hat Ihr Vierbeiner grundsätzlich die besten Heilungschancen.

Nachfolgend stellen wir einige Krankheitsbilder vor, grundsätzlich ist der Mops aber eine sehr robuste, gesunde und langlebige Rasse.

In den dem VDH angehörenden Vereinen, die den Mops betreuen, sind nur Möpse ohne Patellaluxation zur Zucht zugelassen.

Patellaluxation (PL)

Patellaluxation bedeutet eine plötzliche Verlagerung der Kniescheibe aus ihrer Gleitrinne im Oberschenkelknochen. Mögliche Ursachen sind eine zu flach ausgebildete Gleitrinne und Abweichungen in der Knochenachse zwischen Ober- und Unterschenkel. Die Erkrankung ist vererbbar und tritt meist während des Wachstums im ersten Lebensjahr zutage. In etwa 80 % der Fälle und gehäuft bei Zwerghunderassen luxiert die Kniescheibe nach innen (mediale Luxation). Bei wiederholtem Auftreten können schmerzhafte Gelenkentzündungen und Knorpelschäden entstehen, die dann wiederum zu Lahmheit und Hochhalten des betroffenen Beins führen. Springt die Kniescheibe in ihre normale Position zurück, wird das Bein wieder normal belastet. Um schwere Gelenkschäden zu vermeiden, ist eine frühzeitige Behandlung angeraten. In einem frühen Stadium ist meist keine Operation notwendig. Später müssen die Gleitrinne der Kniescheibe

operativ vertieft und die Ansatzstelle des geraden Kniescheibenbandes versetzt werden.
In den, dem VDH angehörenden Vereinen, die den Mops betreuen, sind nur PL-freie Möpse zur Zucht zugelassen.

Bindehautentzündung

Aufgrund ihrer großen, leicht hervorstehenden Augen neigen Möpse zu unangenehmen Bindehautentzündungen. Mögliche Ursachen sind Zugluft, starker Wind oder Pollenflug. Die Bindehaut zeigt sich gerötet, das Auge selbst tränt und kann auch verkleben. Die Behandlung erfolgt mit einer entsprechenden Salbe oder Tropfen vom Tierarzt.
In seltenen Fällen spricht eine Bindehautentzündung nicht auf die üblichen Medikamente an. Dann ist eine spezielle Augenuntersuchung notwendig, um andere Ursachen für die Entzündung abzuklären (fehlstehende Wimpern = Distisiasis, Keratitis sicca = zu trockene Hornhaut).
Auch Verletzungen der häufig etwas vorstehenden Augen sind leichter möglich als bei Rassen mit tief liegenden Augen.

Atemprobleme

Möpse mit sehr kurz gezüchtetem Fang können unter Atemproblemen leiden. Häufig vertragen solche Hunde auch Narkosen schlecht.

Beachten Sie außerdem ...

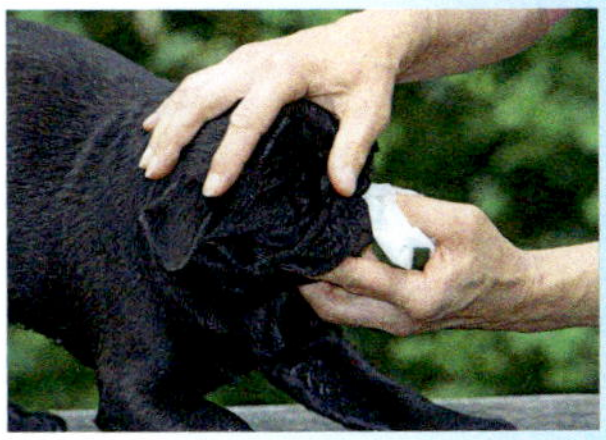

Halten Sie die Gesichtsfalten Ihres Mopses sauber und trocken, sonst drohen leicht Entzündungen.

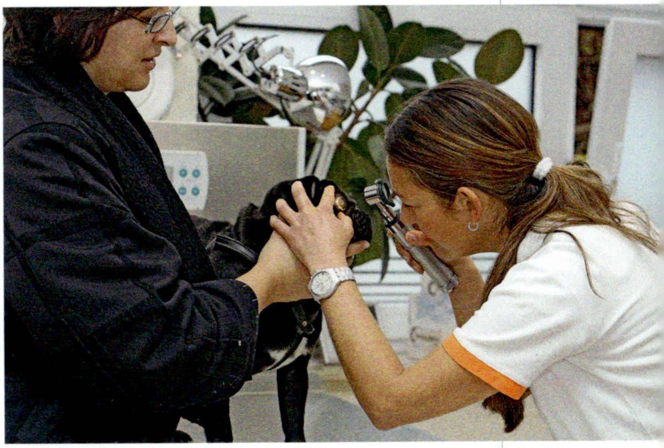

Möpse neigen aufgrund ihrer großen, leicht hervorstehenden Augen zu unangenehmen Bindehautentzündungen. Eine Behandlung durch den Tierarzt ist hier angezeigt.

Sprechen Sie dieses Problem vor einem notwendigen operativen Eingriff unbedingt bei ihrem Tierarzt an. Außerdem neigt der Mops, wie andere kurznasige Rassen auch, zu einer Verlängerung des weichen Gaumens. Das Gaumensegel behindert, wenn der Hund hechelt, den Kehlkopf, sodass keine Luft mehr in die Lunge gelangt. Gleiches gilt für die „Wulstzunge". Hierbei hechelt der Mops mit aufgerollter Zunge im Maul: die Zunge fungiert nicht als Kühlaggregat und behindert zudem den Luftstrom. Der Mops gerät somit in Atemnot. Hunde mit dieser Problematik

Möpse mit sehr kurzem Fang können unter Atemproblemen leiden. Achten Sie schon bei der Auswahl des Züchters darauf.

Erste Hilfe

- Elastische Mullbinden
- Sterile Gaze
- Selbstklebende Verbände
- Watte
- Pflasterrolle
- Verbandsschere
- Wunddesinfektionsmittel
- Antiseptisches Puder
- Brand- und Antihistamin-Salbe (vom Tierarzt)
- Heparin-Salbe (vom Tierarzt)
- Traumeel Salbe
- Digitales Fieberthermometer
- Taschenlampe
- Decke
- Eventuell Maulkorb
- Ersatzleine
- Einmalhandschuhe

Ein Erste-Hilfe-Set für Notfälle darf in keinem Hundehaushalt fehlen.

sind besonders hitzeempfindlich und vertragen schlecht größere Anstrengungen.
Ein mehr oder weniger stark ausgeprägtes Schnarchen oder Röcheln ist ebenfalls auf die anatomischen Gegebenheiten im Nasen- und Kehlkopfbereich des Mopses zurückzuführen, muss den Hund aber nicht zwangsläufig bei der Atmung behindern.
Möpse mit anatomisch bedingten Atemproblemen sind von den VDH-Rassezuchtvereinen nicht zur Zucht zugelassen.

Hitzschlag

Bei sehr hohen Außentemperaturen kann die Körperinnentemperatur eines Hundes schnell so hoch ansteigen, dass es zu einem Kreislaufzusammenbruch kommt. Der Vierbeiner ist nur sehr bedingt in der Lage, hohe Temperaturen durch Wärmeabgabe mittels Hecheln und durch Verdunstungskälte mittels Schwitzen auszugleichen, denn er verfügt nur an den Ballen über Schweißdrüsen. Das starke Hecheln vor dem Zusammenbruch führt zusätzlich zu einer Sauerstoffübersättigung im Blut, die auch eine Bewusstlosigkeit zur Folge haben kann. Bei kurznasigen Rassen wie dem Mops entsteht häufig ein Reiz-Ödem des Kehlkopfes, das unter Umständen sogar zum Ersticken führt.
Daher ist bei den ersten Anzeichen eines Hitzschlages schnelles Handeln angesagt: Führen Sie soviel frische Luft wie möglich zu, lassen Sie den Hund trinken (am besten nicht zu kaltes Wasser) und kühlen Sie Ihren Mops langsam von den Beinen her beginnend mit feucht-kalten Umschlägen. Auch ein in ein Handtuch eingewickeltes Kühlakku im Innenschenkel und unter der Brust schafft Linderung. Um einem Hitzschlag vorzubeugen, verlegen Sie im Sommer Aktivitäten mit Ihrem Mops lieber in die kühlen Morgen- und Abendstunden.

Alternative Heilmethoden

In der Naturheilkunde werden die Hunde ganzheitlich behandelt.

Hunde sprechen auf den Einsatz von Heilpflanzen ausgesprochen gut an.

Alternative Heilmethoden sind auch im tiertherapeutischen Sektor zunehmend im Kommen. Bei manchen Krankheiten kann eine schulmedizinische Behandlung häufig völlig durch alternative Verfahren ersetzt werden. In der Regel dauert solch eine Therapie zwar länger, andererseits ist sie jedoch deutlich nebenwirkungsärmer. Auch bei chronischen Erkrankungen hat sich der Einsatz alternativer Heilmethoden bewährt. In schweren Krankheitsfällen können natürliche Verfahren mit der Schulmedizin kombiniert werden und so zusätzliche Linderung verschaffen. Im Folgenden stellen wir Ihnen einige bewährte Heilmethoden vor.

Homöopathie

Die Homöopathie, die von dem Arzt Samuel Hahnemann (1755–1843) begründet wurde, betrachtet den Menschen beziehungsweise das Tier als Ganzes. Hier spielt nicht nur das akute körperliche Symptom eine Rolle, sondern die gesamte Persönlichkeit des Tieres mit all ihren körperlichen und seelischen Eigenheiten. Um das passende Mittel zu finden, sind also neben dem Leitsymptom auch der Wesenstyp, die Entstehung der Krankheit, der augenblickliche Zustand und weitere Besonderheiten des Patienten zu beachten. Dabei gilt der Grundsatz: Ähnliches ist mit Ähnlichem zu heilen. Homöopathika stammen meist aus dem Pflanzenreich. Man verwendet aber auch Mineralien, Stoffe aus dem Tierreich, Metalle und Nosoden. Mithilfe von Wasser, Alkohol oder Milchzucker entstehen aus den natürlichen Stoffen Ursubstanzen. Diese werden nach den Angaben Hahnemanns durch entsprechende Verdünnungen zu Dezimalpotenzen (z.B. D-, C-, LM-Potenzen) verarbeitet, die der Therapeut schließlich je nach Schweregrad der Erkrankung zur Behandlung einsetzt. Homöopathische Arzneimittel gibt es als Tropfen, Tabletten, Globuli (Streukügelchen) oder Injektionslösungen. Neben den reinen Substanzen sind auch etliche homöopathische Mischpräparate erhältlich.

Phytotherapie

Unter Phytotherapie oder Pflanzenheilkunde versteht man die Lehre der Verwendung von Heilpflanzen als Medikament. Sie gehört zu den ältesten medizinischen Therapien und ist auf der ganzen Welt in allen Kulturen verbreitet. Zum Einsatz kommen dabei ganze Pflanzen und deren Teile (Blüten, Blätter, Wurzeln), die auf verschiedene Weise (z.B. als Frischkraut, Aufguss, Auskochung, Kaltwasserauszug und Pulverisierung) zu einem Medikament verarbeitet werden. Meist verwendet der Phytotherapeut Stoffgemische, die sich bereits als gut wirksam bewährt haben. Auch die Homöopathie nutzt auf pflanzlicher Ebene die Erkenntnisse der Phytotherapie.

Akupunktur

Die Akupunktur ist ein Teilgebiet der Traditionellen Chinesischen Medizin (TCM). Man geht hier von über 300 Akupunkturpunkten aus, die auf verschiedenen Meridianen (= Energiebahnen) des Körpers angeordnet sind. Durch das Einstechen spezieller Akupunkturnadeln erwärmen sich die gestochenen Punkte und bringen das Qi (= Lebensenergie) wieder in einen intakten Fluss. Die Akupunktur gehört zu den Umsteuerungs- und Regulationstherapien. Eine Sitzung dauert ca. 20 bis 30 Minuten. Der Patient wird dabei ruhig und entspannt gelagert. Eine komplette Therapie umfasst in der Regel 10 bis 15 Sitzungen. Die Akupunktur hat sich vor allem bei Schmerzpatienten bewährt. Für Hunde mit HD oder anderen Gelenkproblemen ist dies oft die letzte Chance, schmerzfrei zu werden. Eine Spezialform der Akupunktur ist die Goldakupunktur: dabei werden kleine Goldkügelchen minimalinvasiv unter Narkose in bestimmte Akupunkturpunkte eingesetzt. Diese Goldkugeln bewirken eine Dauerakupunktur; die Schmerzleitung wird dadurch gehemmt und das Tier läuft somit wieder beschwerdefrei. Der Eingriff ist einmalig und wirkt in der Regel ein Leben lang. Die Goldakupunktur führt nicht jeder Tierarzt durch. Voraussetzung ist eine Ausbildung sowie langjährige Erfahrung in Akupunktur, ganzheitlicher Orthopädie und Chirurgie. Tierärzte mit der Zusatzbezeichnung „Akupunktur" sind bei den einzelnen Landestierärztekammern zu erfahren.

Eine Behandlung mit Akupunktur ist für viele Schmerzpatienten die letzte Möglichkeit, wieder beschwerdefrei laufen zu können.

Neben der Akupunktur wird auch die Osteopathie sehr erfolgreich bei der Behandlung von Schmerzpatienten eingesetzt.

Osteopathie

Die Osteopathie ist eine sanfte Methode, mit deren Hilfe die Selbstheilungskräfte des Körpers neu aktiviert werden. Auch der Osteotherapeut arbeitet ganzheitlich. Nach einem ausführlichen Gespräch über den Patienten und dessen Beschwerden erspürt er mit seinen Händen Körperblockaden, die er anschließend durch bestimmte Berührungstechniken auflöst (meist sind mehrere Anwendungen nötig). Auf diese Weise kommt das Körpergewebe wieder ins Gleichgewicht und alle Körperflüssigkeiten zurück in ihren natürlichen Fluss. Osteopathie wird vor allem bei Schmerzpatienten erfolgreich angewendet, wobei der Schmerz meist nur ein Symptom einer tiefer liegenden Erkrankung beziehungsweise Blockade ist. Immer mehr Tierphysiotherapeuten bieten zusätzlich zu ihrem herkömmlichen Leistungsspektrum Osteopathie an.

Was ändert sich im Alter?

Hundesenioren gebührt besondere Aufmerksamkeit. Sie haben sich nach ereignisreichen Jahren des Zusammenlebens mit uns einen besonders schönen Lebensabend verdient.

Ein Mops altert etwa ab dem zehnten Lebensjahr. Dies macht sich nicht nur durch äußere Anzeichen wie dem zunehmenden Grauwerden um Schnauze und Augen bemerkbar, sondern auch durch bestimmte Wesensveränderungen und Alterswehwehchen. Ihr Mops wird nun gelassener und ruhiger. Er hat ein höheres Schlafbedürfnis als früher, sein Bewegungsdrang nimmt allmählich ab. Oftmals reagieren ältere Vierbeiner weniger flexibel auf Veränderungen. Ebenfalls häufig zu erkennen ist eine verstärkte Anhänglichkeit, nächtliche Unruhe und ein geringeres Interesse an Artgenossen. Manche Hunde zeigen sich sogar schrullig und legen plötzlich bestimmte Marotten an den Tag, die sie vorher nicht hatten. Ursache hierfür können Verkalkungen im Gehirn sein, die eine Senilität bewirken. Jetzt ist mehr denn je Ihr Humor und Ihre Lockerheit gefragt. Zwar sollten Sie selbst mit einem alten Vierbeiner konsequent sein, trotzdem darf hier und da ein Augenzwinkern nicht fehlen.

Auch die Leistung der Sinnesorgane lässt allmählich nach: Ihr Mops hört, sieht und riecht nun schlechter als früher. Viele Hunde zeigen außerdem eine erhöhte Neigung zu Übergewicht. Um den gefährlichen Folgen des Dickwerdens wie Gelenkschäden oder Herz-Kreislauf-Störungen vorzubeugen, ist eine altersangepasste Ernährung nötig.

Das Toben und Spielen kann ein wahrer Jungbrunnen für Ihren Senior sein.

Fitmacher „Spielen"

Fordert Ihr vierbeiniger „Rentner" Sie noch zum Spielen auf, machen Sie ihm die Freude und gehen Sie darauf ein; so fühlt er sich wichtig und dazugehörig. Respektieren Sie allerdings die Tatsache, dass ältere Hunde schneller die Lust am Spielen verlieren als Jungspunde. An manchen Tagen ist Ihr betagter Freund vielleicht überhaupt nicht zum Spielen aufgelegt. Möchte Ihr Senior von heute auf morgen nicht mehr spielen, lassen Sie ihn vom Tierarzt untersuchen, denn eventuell verdirbt ihm ein akutes gesundheitliches Problem den Spaß.

Beim Gassigehen sollten Sie Ihren Vierbeiner das Tempo bestimmen lassen.

Trotz aller Veränderungen ist es wichtig, dass Sie Ihren vierbeinigen Senior nicht als alt, senil und „unbrauchbar" abstempeln.

Der richtige Umgang

Wer rastet, der rostet

Fühlt sich ein betagter Mops abgeschoben und nicht mehr altersangemessen gefordert, baut er schnell ab. Da das Sprichwort „Wer rastet, der rostet" auch für alte Hunde gilt, ist körperliche Aktivität besonders wichtig. Sie bringt nicht nur den Kreislauf in Schwung, auch Muskeln und Gelenke bleiben beweglich. Ebenso wird die Durchblutung aller Organe angeregt und eine optimale Sauerstoffversorgung gewährleistet. Der zusätzliche Abbau von Stresshormonen führt zu ausgeglichener Zufriedenheit. Passen Sie Art und Umfang der Bewegung den individuellen Bedürfnissen, der Fitness und der allgemeinen, bis dahin erworbenen Kondition Ihres Mopses an. Gehen Sie sensibel auf den Aktivitätsdrang Ihres Vierbeiners ein. Beobachten Sie ihn gut und überfordern Sie ihn nicht. Ein Spaziergang, auf dem Ihr bellender Senior über sein Tempo und eventuelle Toberunden selber bestimmen darf, ist besser, als eine Joggingrunde, bei der Ihr alter Freund nur mühsam Schritt halten kann. War Ihr Rentnerhund sein Leben lang begeisterter Sportler, hat er bei entsprechender körperlicher Verfassung auch noch im Alter Spaß daran, einen Parcours mit niedrigen Hindernissen zu überqueren. Setzen Sie untrainierte Vierbeiner allerdings nicht von heute auf morgen anstrengenden, ungewohnten Aktivitäten aus.

Allroundhelfer „Spaziergang"

Regelmäßiges Spazierengehen ist für alte Hunde toll und sehr wichtig. Der Vierbeiner kann hier sein Tempo selbst bestimmen. Die Bewegungsabläufe sind in der Regel gleichmäßig. Außerdem hält ein Gang an der frischen Luft viele Sinneseindrücke parat: Ihr Senior hat Kontakt zu Artgenossen und zu anderen Menschen. Zudem nimmt er unterschiedliche Gerüche wahr („Zeitung lesen"). Und: Die Bewegung draußen bei jedem Wetter stärkt das Immunsystem. Ein Spaziergang wird abwechslungsreicher, wenn Sie unterwegs kleine Spielchen oder Gehorsamkeitsübungen einstreuen. Nehmen Sie es Ihrem Rentner aber nicht krumm, wenn er mal einen schlechteren Tag und somit keine Lust auf Gaudi hat. Stecken Sie zur Belohnung immer die Lieblingsleckerlis Ihres bellenden Freundes ein. Auch die regelmäßige Verabredung mit anderen Hundebesitzern macht die tägliche Bewegung kurzweiliger.

Achten Sie bei Spaziergängen auf Regelmäßigkeit und Gleichmäßigkeit, das heißt: Gehen Sie mit einem alten Mops lieber mehrmals täglich eine halbe Stunde spazieren, als einmal am Tag ganz lang. Halten Sie diese Zeiten auch am Wochenende und im Urlaub ein, damit der Grad der Belastung einheitlich bleibt. Lassen Sie Ihren Senior außerdem nur aufgewärmt an einer Übungseinheit auf dem Hundeplatz oder einer Toberunde mit Artgenossen teilnehmen. Ein unvorbereiteter Kaltstart belastet Herz, Kreislauf, Muskeln, Bänder und Gelenke zu stark. Gehen Sie mit Ihrem Vierbeiner lieber erst in gleichmäßigem Schritttempo an der Leine spazieren, ehe er sich richtig auspowern darf. Nach einer sportlichen Betätigung sollte Ihr Senior ebenfalls in ruhigem Tempo wieder abkühlen können.

Auch mit einem Hundesenior sind gemeinsame Ausflüge möglich – eben an seine Fitness angepasst.

Regelmäßige Bewegung ist wichtig

Damit Gelenke, Muskeln und Bänder nicht überbelastet werden, ist eine gleichbleibende Bewegungsabfolge empfehlenswerter als etwa ein wildes Ballspiel, bei dem der Hund abrupt starten und wieder abbremsen muss.

Extrem Kreislauf belastend sind hohe, schwüle Sommertemperaturen. Verlegen Sie Spaziergänge und sportliche Aktivitäten mit Ihrem vierbeinigen Rentner an solchen Tagen also lieber auf die kühlen Morgen- und Abendstunden.

Ein toller Sommersport für alte Hunde ist Schwimmen, dies ist bei Möpsen allerdings Geschmackssache. Der beim Schwimmen ausgeführte gleichmäßige Bewegungsablauf schont den Kreislauf und die Gelenke. Ihr Mops kann hier auch sein Tempo und das Maß der Bewegung gut selbst bestimmen.

Nichtschwimmer plantschen vielleicht lieber à la Kneipp. Nutzen Sie in der warmen Jahres-

Im Sommer im Bach oder Teich zu schwimmen ist nicht für jeden Mops nach seinem Geschmack – aber der Sport schont die Gelenke.

Das Apportieren leichter Gegenstände macht den meisten älteren Vierbeinern noch viel Freunde.

zeit also jeden Bach oder Teich, an dem sie vorbeikommen. Rubbeln Sie einen empfindlichen Hund an kühlen Tagen jedoch unbedingt gut trocken, denn Nässe und Wind führen schnell zu einer gefährlichen Lungenentzündung oder einem schmerzhaften Rheumaschub. Für die kalten Wintermonate stehen vereinzelt Hundeschwimmbäder zur Verfügung. Diese sind in der Regel einer Praxis für Tierphysiotherapie angeschlossen.
Hat Ihr Vierbeiner bereits körperliche Beschwerden, bedeutet dies nicht automatisch ein generelles Bewegungsverbot. Bei etlichen chronischen Erkrankungen trägt ein individuell abgestimmtes Mobilitätsprogramm oft sogar zur Besserung bei. In der Akutphase kann allerdings vorübergehende Ruhe nötig sein. In einem solchen Fall sprechen Sie sich am besten mit Ihrem Tierarzt. Er klärt Sie je nach Art und Schwere des Leidens Ihres Mopses darüber auf, welche Bewegungen erlaubt und welche verboten sind. Eine gezielte Physiotherapie hilft bei Krankheiten des Bewegungsapparates.

Beschäftigungstipps für Seniorhunde

Gerade Möpse sind bis ins hohe Alter verspielt. Meist toben sie zwar nicht mehr mit Artgenossen, dafür albern sie immer noch gerne in kurzen Sequenzen mit Herrchen oder Frauchen herum. Für ältere Vierbeiner bringt Spielen nicht nur Spaß, sondern es hat sogar einen therapeutischen Nutzen – es bedeutet Ablenkung von kleineren Alterswehwehchen sowie Stärkung des altersmäßig häufig angeknacksten Selbstbewusstseins, denn der bellende Senior steht plötzlich wieder ganz im Mittelpunkt und erhält viel Lob, das zu neuem Stolz verhilft. Viele Graue Schnauzen fallen durch ein lustiges Spiel sogar regelrecht in einen Jungbrunnen. Und: Hunde, die ihr Leben lang spielerisch gefordert wurden, bleiben generell länger fit und gesund.
Das Spiel mit älteren Vierbeinern verlangt natürlich erhöhte Rücksichtnahme auf den aktuellen Gesundheitszustand sowie die bis dahin erworbene Kondition. Leidet ein Hund unter Arthrose, darf er beispielsweise keine Hindernisse überspringen, kann dafür aber noch leichte Gegenstände apportieren oder eine Fährte erschnüffeln. Diverse Zipperlein sind also noch kein Grund, generell auf Spiel und Spaß zu verzichten. Mit etwas Fantasie, viel Einfühlungsvermögen und Humor findet man genügend Möglichkeiten, auch einen Seniorhund altersangemessen zu fordern.

- *Ein oder zwei hintereinander aufgestellte und mit einem Bettlaken abgedeckte Stühle ergeben einen interessanten Tunnel. Auch ein Umzugskarton eignet sich als „Röhre“, die ein älterer Mops gut auf Kommando durchqueren kann.*

- *Arthrose- und HD-geplagte Vierbeiner dürfen ihr Können bei einem konzentrierten Lauf über ein Cavaletti-Hindernis beweisen. Legen Sie hierfür eine Leiter auf den Boden und achten Sie darauf, dass Ihr wedelnder Gefährte langsam eine Pfote nach der anderen in die Sprossenzwischenräume setzt.*

- *Bieten Sie Ihrem vierbeinigen Rentner Schnüffelspiele an, die seine Sinne und die Konzentrationsfähigkeit fördern. Da die Riechleistung im Alter abnimmt, sind stark duftende „Lockstoffe" wie getrockneter Pansen empfehlenswert, mit dem Sie beispielsweise eine Fährte durch den Garten legen können.*

- *Apportieren steht bei vielen älteren Freaks ebenfalls noch hoch im Kurs. Mit Rücksicht auf den schon abgenützten Bewegungsapparat des Hundes sollten die zu bringenden Gegenstände allerdings wenig wiegen. Ansonsten sind Ihrer Fantasie kaum Grenzen gesetzt: Ob Zeitung, Hausschuh oder kleiner Schirm, Ihr kleiner Gentleman wird Sie sicherlich nicht enttäuschen.*

- *Ein Slalom ist ebenfalls für Seniorhunde geeignet: er besteht beispielsweise aus in den Boden gesteckten Wander- oder Skistöcken sowie Sonnenschirmständern oder einfachen Ziegelsteinen.*

- *Haben Sie einen alternden, aber noch fitten Sportler im Haus, lassen Sie ihn über niedrige Hürden springen, wie beispielsweise zwei mit etwas Abstand auf dem Boden gegenüberliegende Besenstiele, deren Zwischenraum er nicht berühren darf.*

- *Hat Ihr Vierbeiner im Laufe seines Lebens Kunststückchen gelernt, fragen Sie diese immer wieder ab, denn das hält geistig fit. Hunde, die hier über Jahre hinweg trainiert wurden, lernen selbst noch im Alter problemlos neue Tricks. Aber auch für eher ungeübte Rentner ist eine Neueinstudierung leichter Übungen wie Pfotegeben oder Sich-Schlafend-Stellen machbar und sinnvoll, denn durch Kopfarbeit bleiben ergraute Schnauzen deutlich länger jung. Selbst die wiederholte Abfrage des Grundgehorsams ist für alte Hunde eine wichtige Bestätigung.*

Das gemeinsame Spielen mit einem Seniorhund bringt nicht nur viel Spaß und neue Lebensfreude, sondern schweißt Sie noch enger

Schnüffelspiele kommen bestimmt auch bei Ihrem vierbeinigen Senior gut an.

zu einem tollen Team zusammen. Nützen Sie die Zeit miteinander so lange es geht!

Pflege und Wellness

Richtig verwöhnen können Sie Ihren vierbeinigen Liebling mit einigen Anwendungen aus dem Wellnessbereich. So wird durch eine entspannende Bürstenmassage beispielsweise nicht nur abgestorbenes Haar herausgekämmt, sondern auch die vermehrte Durchblutung der Haut angeregt. Intensives Streicheln wirkt ebenfalls wie eine angenehme, vitalisierende Massage. Massieren Sie Ihren Mops sanft mit kreisförmigen Bewegungen. Lockernd wirkt ein leichtes Kneten und Rollen von Haut und Muskeln.

Die Aromatherapie kann Hundesenioren zu neuer Energie verhelfen. Sie stärkt den Kreislauf, aktiviert die Abwehrkräfte und fördert die seelische Ausgeglichenheit. Außerdem wird ihr eine besonders erfrischende Wirkung nachgesagt. Geben Sie einige Tropfen der ätherischen Öle entweder in eine Duftlampe, in ein Kräutersäckchen oder direkt auf den Liegeplatz des Hundes, allerdings sehr sparsam dosiert (2 bis 3 Tropfen), damit die feine Hundenase den Geruch nicht als störend empfindet. Für ältere Vierbeiner sind besonders Lavendel, Zitrone, Grapefruit, Orange, Geranium und Muskatellersalbei empfehlenswert, denn sie haben auf den gesamten Organismus eine stärkende und aufbauende Wirkung.

Barock- und Meditationsmusik haben eine sehr beruhigende Wirkung auf Hunde.

Neue Lebensqualität durch alternative Heilmethoden

Leidet Ihr Mops bereits unter gewissen Altersbeschwerden, versprechen unterschiedliche Verfahren aus der Naturheilkunde Linderung. So hält die Homöopathie mit Präparaten wie Echinacea zur Stärkung der Abwehrkräfte, Crataegus zur Anregung und Stabilisierung der Herztätigkeit und Vermiculite gegen Zahnstein und Zahnfleischentzündungen bewährte Mittel bereit. Bachblüten helfen bei Tieren mit altersbedingten Wesensveränderungen. Damit Sie das richtige Präparat für Ihren Hund finden, beraten Sie sich am besten mit Ihrem Tierarzt. In der Schmerztherapie erzielt die Akupunktur sehr gute Erfolge. Schmerzmittel lassen sich dadurch meist deutlich reduzieren, manchmal werden sie sogar gänzlich überflüssig. Die Akupressur ist eine Abwandlung der Akupunktur; hier ersetzen die Berührung und der Druck der Finger die Nadeln. Dies wirkt sich nicht nur sehr positiv und entspannend auf den Körper aus, sondern auch auf die Seele des Vierbeiners.

Ein vorgewärmtes Dinkelkissen hilft bei Gelenkproblemen und Rheuma.

Auch einfache Hausmittel tun Ihrem Hundesenior gut. Leidet Ihr Mops beispielsweise an Rheuma, legen Sie eine Wärmflasche oder ein erwärmtes Dinkel- oder Kirschkernkissen in den Hundekorb. Ein auf diese Weise vorgewärmtes Körbchen wirkt sich auch bei Hunden mit Gelenkproblemen sehr positiv aus.

Hat Ihr bellender Senior nach einer längeren Wanderung Muskelkater, schaffen Einreibungen und Umschläge mit Arnikasalbe oder verdünnter -tinktur Erleichterung. Gerade in der kalten Jahreszeit bewährt sich diese Behandlung ebenfalls bei älteren Hunden mit

Pflege-Tipps für Seniorhunde

- ✓ *Regelmäßige Zahnkontrolle sowie Zähneputzen sind empfehlenswert, denn Prophylaxe schützt wirksam vor vielen Zahnproblemen.*
- ✓ *Bürsten Sie Ihren Mops einmal in der Woche.*
- ✓ *Kontrollieren Sie regelmäßig die Haut auf Veränderungen, eventuelle Liegeschwielen und die Krallen.*
- ✓ *Tasten Sie Ihren Senior wöchentlich nach eventuellen Veränderungen ab.*
- ✓ *Entwurmen Sie auch den älteren Mops alle drei bis vier Monate.*
- ✓ *Reinigen Sie regelmäßig Augen, Ohren, Scham bzw. Penis.*
- ✓ *Rauchen Sie nicht in der Gegenwart Ihres Hundes, denn Passivrauchen beschleunigt den Alterungsprozess.*
- ✓ *Geben Sie Ihrem Vierbeiner einen warmen, weichen und vor Zugluft geschützten Schlafplatz, denn Sie hygienisch sauber halten.*
- ✓ *Gehen Sie ein- bis zweimal im Jahr zur Altersvorsorgeuntersuchung zu Ihrem Tierarzt.*

rheumatischen Muskel- oder Gelenkbeschwerden.
Ein weiteres sehr breites Heilungsspektrum bietet die Physiotherapie, die neben spezieller Krankengymnastik diverse Wasser-, Massage- und Magnetfeldtherapien beinhaltet. Lassen Sie also Ihren vierbeinigen Senior im Fall der Fälle neben dem eigenen Verwöhnprogramm auch von den therapeutischen Fortschritten der Tiermedizin profitieren. Er hat es sich nach Jahren treuer Freundschaft redlich verdient!

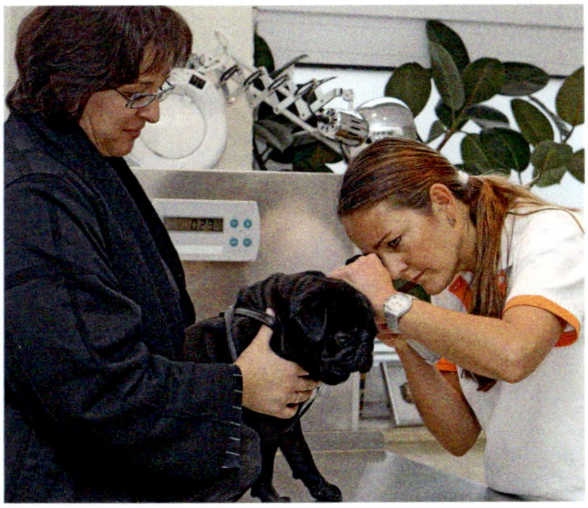

Ihren Mops sollten Sie alle sechs Monate Ihrem Tierarzt zur Altersvorsorgeuntersuchung vorstellen.

Ernährung

Im Alter ist eine entsprechend den Veränderungen des Stoffwechsels angepasste Ernährung wichtig. Stellen Sie Ihren Mops langsam auf eine leichtere, energieärmere Nahrung umstellen, damit er nicht übergewichtig und dadurch zusätzlich träge wird; immerhin sinkt der Energiebedarf Ihres Hundes im Alter um etwa 20 %. Füttern Sie nun zwei- bis dreimal am Tag, denn mehrere kleine Portionen sind leichter zu verdauen als eine Große. Achten Sie unbedingt auf die Linie Ihres Mopses, denn schlanke Hunde sind gesünder und leben länger. Im Fachhandel bekommen Sie spezielles Seniorfutter, das extra auf die Bedürfnisse und den verlangsamten Stoffwechsel alter Hunde abgestimmt ist. Für di-

Extra-Tipp

Füttern Sie im Sommer nicht in der größten Mittagshitze: ein voller Bauch wirkt bei großer Hitze zusätzlich kreislaufbelastend. Lassen Sie Ihren Senior nach dem Fressen mindestens eine Stunde ausruhen.

Leckerli-Spaß für Seniorhunde

Möchten Sie Ihren Rentner mal mit selbst gebackenen Leckerlis verwöhnen, dann probieren Sie folgendes Rezept aus.

Sie benötigen folgende Zutaten:
100 g feine Senior-Hundeflocken
2 Eier
4 TL Senior-Dosenfutter

Alle Zutaten werden in einer Schüssel zu einem Teig verarbeitet. Daraus formen Sie nun kleine Bällchen, legen diese auf ein mit Backpapier ausgelegtes Backblech und lassen sie ca. 35 Minuten bei 175 °C im bereits vorgeheizten Backofen fest werden. Dieses Rezept ist für jeden Hundetyp geeignet, denn ganz gleich, ob er Diätfutter braucht oder in Bezug auf Leckerli besonders wählerisch ist, Sie können dafür Ihr ganz normales tägliches Hundefutter verwenden. Füttern Sie normalerweise keine feinen Flocken, sondern gröberes Futter, wird dies vorher einfach in einer Küchenmaschine zerkleinert.
Damit der Spaß komplett wird, kann sich der Vierbeiner seine „Plätzchen" erarbeiten; dazu darf natürlich die richtige Verpackung nicht fehlen. Hier empfiehlt sich beispielsweise eine kleine Papiertüte oder ein ausrangiertes Stofftaschentuch. Aber auch ein alter Socken birgt, mit den Leckerlis gefüllt, einen großen Auspackspaß für den Hund und ist, geleert, anschließend auch noch ein tolles Spielzeug. Eine weitere geeignete Verpackung ist eine kleine Schachtel, beispielsweise von einer Glühbirne oder einfach nur altes Zeitungspapier.

Gehört Ihr Mops auch zu den Hunden, die immer Hunger haben? Gerade bei dem Senior ist es aber doppelt wichtig, genau auf sein Gewicht zu achten!

verse Erkrankungen gibt es im Zoofachhandel oder bei Ihrem Tierarzt genau abgestimmte Diätfutter. Allgemein sollte Seniorfutter besonders schmackhaft und hochverdaulich sein. Geben Sie keine Nahrungsergänzungsmittel (Vitamine, Mineralstoffe), ohne es vorher mit Ihrem Tierarzt abgesprochen zu haben, denn auch Vitamine oder Mineralien können überdosiert schaden. Täglich frisches Trinkwasser darf natürlich nicht fehlen. Hat Ihr Hund deutlich weniger Durst, stellen Sie ihn auf Nassfutter (Dosenfutter) um oder mischen Sie seinem herkömmlichen Futter zusätzlich Wasser bei, damit er nach wie vor ausreichend mit Flüssigkeit versorgt wird.
Stecken Sie Ihrem Vierbeiner keine Süßigkeiten und Essensreste zu. Dies wäre falsch verstandenes Verwöhnen und schadet älteren Hunden besonders. Belohnen Sie nur mit echten Hundeleckerlis. Inzwischen gibt es sogar schon Leckereien in Senior- oder Lightqualität.

Abschied

Leider währt ein Hundeleben nicht ewig und so ist auch irgendwann nach Jahren de gemeinsamen Zusammenlebens die Zeit des Abschieds gekommen. Manche Senioren schlafen einfach friedlich ein. Oft wird der Hundebesitzer jedoch in die verantwortungsvolle Pflicht genommen, über Leben und Tod des Hundes selbst zu entscheiden. Leidet Ihr Mops und wird ihm das Leben zur Qual, weil selbst die Tiermedizin an ihre Grenzen kommt und ihm seine Schmerzen nicht mehr nehmen kann, ist es an der Zeit, ihn von seinem Leiden zu erlösen. In der Regel kommt ein Tierarzt hierfür auch zu Ihnen nach Hause, damit dem gebrechlichen Vierbeiner weiterer Stress durch einen unnötigen Transport erspart bleibt und er in seiner gewohnten Umgebung ruhig für immer einschlafen darf.

Tierbestattungen

Adressen von Tierfriedhöfen und -krematorien in Ihrer Nähe bekommen Sie über den Bundesverband der Tierbestatter e. V.:
www.tierbestatter-bundesverband.de
Eventuell können Ihnen aber auch Ihr Tierarzt oder der örtliche Tierschutzverein weiterhelfen.

Der endgültige Abschied von dem geliebten vierbeinigen Freund ist besonders schwer.

Natürlich ist der Abschied von Ihrem langjährigen, treuen Begleiter mit großer Trauer verbunden. Haben Sie sich jedoch sein Hundeleben lang auf seine Bedürfnisse eingestellt und waren Sie in guten wie in schlechten Zeiten für ihn dar, ist die Gewissheit eines erfüllten, schönen Hundelebens, das Ihr Mops bei Ihnen hatte, vielleicht ein kleiner Trost. Da die Trauer um einen geliebten Vierbeiner nicht zu unterschätzen ist, gibt es inzwischen in vielen Orten Tierfriedhöfe oder -krematorien, die durch einen ganz bewussten Abschied und einen festen Ort der Trauer, den man jeder Zeit besuchen kann, die Trauerarbeit und das Loslassen erleichtern.

Selbstverständlich wird Ihr verstorbener Mops unersetzlich bleiben, trotzdem stellt sich Ihnen nach einiger Zeit vielleicht wieder die Frage nach einem neuen Vierbeiner. Stimmen auch dann noch alle Voraussetzungen für eine Anschaffung, ehren Sie das Andenken an Ihren getreuen Freund, indem Sie sich einen neuen Mops anschaffen. Machen Sie aber nicht den Fehler, ihn mit Ihrem vorigen Hund zu vergleichen.

Denn: Jeder Vierbeiner ist absolut einmalig und auf seine ganz eigene Weise liebenswert.

Zitat Loriot

„Ein Leben ohne Mops ist möglich, aber sinnlos."

Hilfreiche Adressen und Links

Rassezuchtvereine Deutschland

Verband Deutscher Kleinhundezüchter e. V.
Herbert Heim
Stettiner Str. 25
D-90522 Oberasbach
Tel: 0911-78 48 645
Fax: 0911-78 48 644

www.kleinhunde.de

Deutscher Mopsclub e. V.
Inge Wessling
(Welpenvermittlung)
Grundermühle 7
D-51515 Kürten
Tel / Fax: 02268-14 94

www.mopsclub.de

Notvermittlungsstelle für Möpse
Über die Geschäftsstelle des „Deutscher Mopsclub e. V."
Helga Schukat
Scheuren 13
42699 Solingen
Tel: 0212-33 09 04

Österreich

Österreichischer Mops Club
Hana Ahrens (Welpenvermittlung)
Hiessgasse 15/6
A-1030 Wien
Tel / Fax: 0043-(0)1-712 38 34

www.mops.at

Schweiz

Schweizerischer Zwerghunde Club SZC
Elsbeth Clerc
Im Gätterli 6
CH-4632 Trimbach
Tel: 0041-(0)62293-07 67
Fax: 0041-(0)62293-07 68

www.zwerghundeclub.ch

Kynologenverbände

Verband für das Deutsche Hundewesen (VDH)
Westfalendamm 174
(Geschäftsstelle)
D-44141 Dortmund
Tel: 0231-565 00-0
Fax: 0231-59 24 40

www.vdh.de

Österreichischer Kynologenverband (ÖKV)
Siegfried-Marcus-Str. 7
(Geschäftsstelle)
A-2362 Biedermannsdorf
Tel: 0043-(0)2236-71 06 67
Fax: 0043-(0)02236-71 06 67-30

www.oekv.at

Schweizerische Kynologische Gesellschaft (SKG)
Brunnmattstrasse 24
(Geschäftsstelle)
CH-3007 Bern
Tel: 0041-(0)31-306 62 62
Fax: 0041-(0)31-306 62 60

www.hundeweb.org

Der Verlag ist nicht für den Inhalt von Internetseiten und deren Links verantwortlich.

Haustierregister

Deutscher Tierschutzbund e. V.
Baumschulallee 15
(Geschäftsstelle)
D-53115 Bonn
Tel: 0228-60 49 60
Fax: 0228-60 49 640

www.tierschutzbund.de

TASSO e. V.
Haustierzentralregister
Frankfurter Straße 20
D-65795 Hattersheim
Tel: 06190-93 73 00
Fax: 06190-93 74 00

www.tiernotruf.org

Internationale Zentrale Tierregistrierung (IFTA)
Nördliche Ringstraße 10
D-91126 Schwabach
Tel: 00800-43 82 00 00
Fax: 09122-88 51 989

www.tierregistrierung.de

Interessante Links zu Internetseiten rund um den Hund:
www.partner-hund.de
www.hundefinder.de/hundeschulen
www.ferien-mit-hund.de
www.flughund.de
www.haustierratgeber.de

Dank

Mein besonderer Dank gilt Helga Schukat und Ihrem Zwinger „vom Dreimädelhaus" für die fachliche Mitarbeit und Beratung. „Tierfotografie Brinkmann" (www.brinkmanntierfoto.de) und allen zwei- und vierbeinigen Modells möchte ich für die professionelle Bebilderung danken, die sehr zur Lebendigkeit dieses Buches beiträgt.
Ein großer Dank geht außerdem an Karin van Klaveren (www.kvk-tierfotos.de und www.kisangani.de) für ihre einmaligen, direkt aus dem Leben gegriffenen Fotos. Ihre Bilder stellen immer wieder eine große Bereicherung für die Premium-Ratgeber-Reihe dar.
Jürgen Rösner und Jürgen Papenfuss (Zwinger „von der Ölmühle"), sowie Monique Jansen (Zwinger „vom Ulmer Haus") danke ich besonders für ihren Einsatz und ihr unermüdliches Engagement.
Des Weiteren danke ich der Firma Trixie für die freundliche Bereitstellung sämtlichen Hundezubehörs und Vroni Reisinger für die fotografische Unterstützung.
Außerdem danke ich ganz besonders Familie Schmitt und Tobias Volg für ihren steten Rückhalt in allen Fragen und Bereichen sowie meinen Redaktionshunden „Luzie" und „Peggy" für ihr beruhigendes Schnarchen während meiner Arbeit und unsere gemeinsamen, entspannenden Spaziergänge und Spielrunden zwischendurch.

Bildnachweis

Alle Bilder Bernd Brinkmann
Außer:
Isabelle Francais, Seiten: 6, 36, 52 unten, 70 unten, 73 oben, 101 unten, 117 unten
Karin van Klaveren, Seiten: 25, 65(2), 66, 80 unten, 104, 116 oben
Annette Schmitt, Seiten 38 unten, 72 unten, 74 oben, 80 oben, 120(2), 122 unten
Christine Steimer, Seite: 107
Trixie, Seiten: 35(5), 35(4), 36(6), 37(2), 48(2), 49(2), 71(1), 110

Register

Hinweis: Die in diesem Buch enthaltenen Empfehlungen und Angaben sind von den Autoren mit größter Sorgfalt zusammengestellt und geprüft worden. Eine Garantie für die Richtigkeit der Angaben kann aber nicht gegeben werden. Autoren und Verlag übernehmen keinerlei Haftung für Schäden und Unfälle. Der Leser sollte bei der Anwendung der in diesem Buch enthaltenen Empfehlungen sein persönliches Urteilsvermögen einsetzen.

Impressum

Bibliografische Information der Deutschen Nationalbibliothek
Die Deutsche Nationalbibliothek verzeichnet diese Publikation in der Deutschen Nationalbibliografie; detaillierte bibliografische Daten sind im Internet über http://dnb.d-nb.de abrufbar.

Wollgrasweg 41, 70599 Stuttgart (Hohenheim)
E-Mail: info@ulmer.de
Internet: www.ulmer.de
Umschlagentwurf: Sojus Design, Kai Twelbeck, Stuttgart
Titelfoto: Zoonar/Ariane Lohmar
Repro: Timeray, Herrenberg
Druck und Bindung: Firmengruppe Appl, aprinta Druck, Wemding, Germany
Printed in Germany

ISBN 978-3-8001-9868-9

Auf den Hund gekommen?

Der Hund gilt zu Recht als der „treue Gefährte“ des Menschen. Damit Sie sich mit Ihrem vierbeinigen Freund noch besser verstehen, bietet der Verlag Eugen Ulmer herausragende Fachliteratur von Spezialisten.

Die Welpenschule.
Der sanfte Weg zum Familienhund.

Celina del Amo
3. Aufl. 2010. 112 S., 60 Farbf., 4 Zeichn., Klappenbroschur.
ISBN 978-3-8001-5956-7.

Apportierspiele.
Dummyarbeit Schritt für Schritt.

Lynn Hesel
2009. 96 S., 77 Farbf., kart.
ISBN 978-3-8001-5796-9.

Spaßschule für Hunde.
100 x spielen, tricksen, clickern.

Celina del Amo
2., überarbeitete Aufl. 2009.
127 S., 53 Farbf., 20 Zeichn., kart.
ISBN 978-3-8001-5662-7.

Homöopathie für Hunde.

Vera Misol, Gabi Franz
2008. 96 S., kart.
ISBN 978-3-8001-5481-4.

Das 4-Wochen Erziehungsprogramm für Hunde.
Tag für Tag - Schritt für Schritt.

Ophelia Nick
2010. 96 S., 73 Farbf., Klappenbroschur.
ISBN 978-3-8001-5906-2.

www.ulmer.de Ulmer

Tierisch gute Hundebücher.

Wer seine Leidenschaft für Hunde entdeckt hat, schätzt hier die interessanten und anregenden Informationen rund um den treuen Vierbeiner. Der Verlag Eugen Ulmer bietet Ihnen Fakten von A-Z.

Das große Ulmer Hundebuch.

Heike Schmidt-Röger
2008. 272 S., 280 Farbf., geb.
ISBN 978-3-8001-5376-3

400 Hunderassen von A-Z.

Gabriele Lehari
2009. 255 S., 400 Farbf., geb.
ISBN 978-3-8001-5661-0.

Körpersprache des Hundes.

Frauke Ohl
2., erweiterte Aufl. 2006. 104 S., 65 Farbf., 22 Zeichn., geb.
ISBN 978-3-8001-4926-1.

Hunde pflegen.

Einfach - richtig - schön.

Anna Laukner
2009. 64 S., 70 Farbf., kart.
ISBN 978-3-8001-5795-2.

Ganz nah dran. Ulmer